欢乐数学营

奇妙数学史

Probability & Statistics

How Mathematics Can Predict The Future

从概率到统计

[英] 迈克·戈德史密斯（Mike Goldsmith）◎著

林大卫◎译

人民邮电出版社

北京

图书在版编目（CIP）数据

奇妙数学史 : 从概率到统计 / (英) 迈克·戈德史密斯 (Mike Goldsmith) 著 ; 林大卫译. -- 北京 : 人民邮电出版社, 2024.7
(欢乐数学营)
ISBN 978-7-115-64347-6

Ⅰ. ①奇… Ⅱ. ①迈… ②林… Ⅲ. ①数学史一青少年读物 Ⅳ. ①O11-49

中国国家版本馆CIP数据核字(2024)第087342号

内容提要

本书展示了我们如何利用数学的力量来理解周围的世界，并预测接下来可能会发生的事情。故事从3位知名数学家的问题开始。布莱兹·帕斯卡、吉罗拉莫·卡尔达诺和皮埃尔·德·费马都问了一个简单的问题：可能性有多大？这使他们走上了创立概率论的道路，但是他们几乎不知道如何使用数字来表示可能发生和不可能发生的事情。对概率本质的研究促使数学家对另一个问题进行思考：这一切意味着什么？这又促进了一个新领域——统计学的诞生，它揭示了现实世界看似混乱的现象中的规律。统计学可以帮助我们判断什么是正常的，什么是不正常的，什么才是真实的，以及接下来可能发生的事情。

本书适合对概率论和统计学感兴趣的读者阅读和参考。

◆ 著 [英]迈克·戈德史密斯（Mike Goldsmith）
译 林大卫
责任编辑 李 宁
责任印制 陈 犇
◆ 人民邮电出版社出版发行 北京市丰台区成寿寺路11号
邮编 100164 电子邮件 315@ptpress.com.cn
网址 https://www.ptpress.com.cn
雅迪云印（天津）科技有限公司印刷
◆ 开本：690×970 1/16
印张：11.25 2024年7月第1版
字数：198千字 2024年7月天津第1次印刷
著作权合同登记号 图字：01-2021-1729号

定价：59.80元

读者服务热线：(010)81055410 印装质量热线：(010)81055316
反盗版热线：(010)81055315
广告经营许可证：京东市监广登字20170147号

图片来源

Alamy: 19th Era 2106, AB Historic 54, Age Fotostock 93, Art Collection 30bl, 92t, Artokoloro 12bm, Neil Baylis 56t, 99t, Chronicle 12 bl, 99b, 101t, Classic Stock 72, 176, De Luan 34cr, Everett Collection Historical 174, F8 Archive 153t, FLHC 1A 38br, Glasshouse Images 178, GP library ltd 108b, Patrick Guenette 12bl, Heritage Image Partnership ltd 4-5, 143, History Art Collection 150t, Peter Horee 96t, Hum Images 170, KGPA Ltd 147tl, Science History Images 4-5, 53, Simon L Montgomery Photography 35cr, Amoret Tanner 123, The Picture Art Collection 9, 65c, 77tr, World History Archive 29t, 39t, 49tl;

CERN: 69;

Getty Images: Bettmann 63, H. Armstrong Roberts/Classsic Stock 75tr, Bob Thomas 114t; Toronto Star Archives 7t, 71;

Library of Congress: 132, 150b, 154;

NASA: 129;

NOAA: 153b;

Public Domain: 13b, 22t, 29br, 30tl, 48, 74, 79t, 87t, 118t, 159, 160t;

Rothamsted Research: 166t, 166b;

Science Photo Library: American Philosophical Society: 62t, Sheila Tarry 85;

Shutterstock: 7th Sun 84b, AMAM1990 160b, Artem Artemenko 179, Chip Pix 136, 168, Doomo 58b, Everett Collection 165, Everett Historical 109, 110, 175, Richard Paul Kane 149, 92b, Reinhold Leitner 75tl, Lynea 152t, Marzolino 23t, Mophart Creation 94, 101b, 94, Mathew Plotecher 102b, Huguette Roe 114b, Solveig 47, Ana Maria Tone 83, Urfin 171tl, Jurian Wossik 117;

The Wellcome Library, London: CC by 4.0 14tr, 18tr, 21t, 32, 32tl, 32br, 34bl, 35tl, 40tl, 50tr, 58c, 59, 67t, 67b, 73, 77b, 84t, 86, 87b, 90t 90b, 91tl, 98b, 100, 101c, 102t, 116, 120, 127, 146;

Wikipedia: CC by 3.0 30br, CC by 4.0 112tl, 147tr, CC by SA 3.0 112c, 112b, CC by SA 4.0 20b, 38t, CC By SA 2.0 155, CC By SA 3.0 153m, CC By SA 4.0 27r, Public Domain incl. U.S. 6, 7b, 8, 10t, 11, 14bl, 15b, 25r, 28r, 32c, 35b, 36, 40bl, 46, 49tr, 50t, 52t, 52bl, 56b, 57, 60, 61, 62b, 64bl, 64br, 65t, 66, 68, 70c, 70br, 77tl, 78 78-79, 79b, 88, 89b, 91tc, 96b, 97b, 98t, 105, 108t, 111, 112t, 113, 115, 118b, 121, 124, 126, 134, 135, 138, 140, 157, 161, 167t, 167b, 169, 173;

Roy Williams: 16br, 19br, 37.

r: 右 c: 中 t: 上 b: 下

bl: 左下 tl: 左上 bc: 中下 tc: 中上 br: 右下 tr: 右上 cr: 中右 cl: 中左

目　录

引　言

统计学是数学的一个分支，可指导我们从数据中（通常是大量的数据中）提取有价值的信息。“统计值”表示从数据中提取到的信息的名称，比如平均值。因为生活中充满了不确定性，所以我们需要统计学的帮助。虽然很多事件是偶然发生的，但我们可以使用统计学这个工具来判断我们所能了解到的事件信息有哪些，以及这些信息的局限性。

很多时候，我们想要了解的信息是通过某个范围内的所有事件来描述的。例如，在一所学校里，可能少数几个学生的数学成绩很好，许多学生的历史成绩略高于平均水平，一些小班的所有学生都表现良好，大班的学生表现得不好，等等。怎样清楚、准确地总结这些信息呢？如果不能准确总结这些信息，学校该如何确定谁需要帮助呢？家长又如何在多所学校之间做出选择呢？统计学有助于定义和计算那些用来描述学校情况的关键数据。当数据或事件因过于复杂而难以理解时，统计学也可以提供图表以揭示要点。

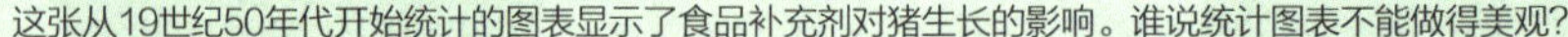

这张从19世纪50年代开始统计的图表显示了食品补充剂对猪生长的影响。谁说统计图表不能做得美观？

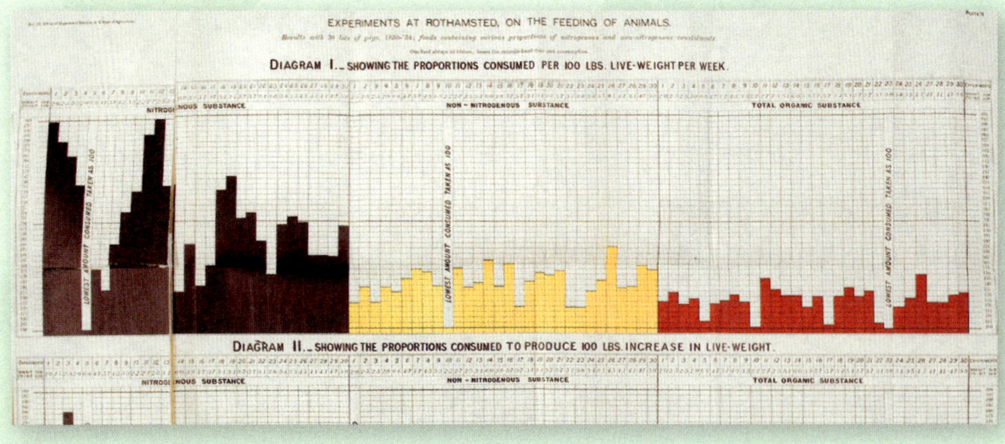

自1932年以来，位于新罕布什尔州的华盛顿山气象站一直在收集降雪数据。数据显示，这座山是美国降雪最多的地方。

微小的概率

概率其实是很难直观感受的，尤其是微小的概率。掷骰子时连续掷出 8 个 6 的概率是百万分之一，连续掷出 16 个 6 的概率是十亿分之一，连续掷出 24 个 6 的概率是万亿分之一，那么这些答案有什么区别呢？奥林匹克运动会游泳项目标准池里的水的百万分之一大约是 8 杯水，十亿分之一大约是半茶匙水，而万亿分之一大约是直径不到 1 英寸（1 英寸 =2.54 厘米）的一滴水。

大量的数据

如我们所见，大多数科学学科中都充斥着各种数据，如行星的直径、机器的噪声、城市的人口等，但是这些数据都存在不确定的问题，而统计学恰好可以解决这类问题。统计学能帮助我们精确地描述问题。例如行星直径的测量值会根据测量位置的不同而变化；机器的噪声水平也是会不断变化的；随着人们离开和到来、出生和死亡，城市人口每时每刻也在变化。上述每个问题都有很多答案，统计学可以帮助我们选择或计算出最有用的答案，也许是地球的平均直径，或是机器钻孔时的最大噪声，抑或是根据最新一次人口普查得出的人口数据。另一个问题是，尽管我们在科学和数学中使用的是精确数据，但在现实世界中，我们通常无法获得这些精确数据。我们可以利用探测卫星、噪声计和人口普查等工具或手段获取数据，但没有一个数据是完全精确的。此时，统计学可以指导我们计算和处理不精确的数据。

真相和愿望

统计学还有另一个重要作用，那就是在我们做判断时帮助我们排除情绪干扰，揭示事情的真相。比如，一位研究人员发现了一种很有前景的新疗法，一位投资者对一家新公司的未来充满信心，或者一位纠结的房主试图决定应在房子的保险和安全防护上花多少钱，但他们并没有得到什么真正有用的信息来帮助他们做出下一步行动的判断，退而求其次的办法是理性地基于现实做出评估。但是，选项众多时，往往乐观或悲观的情绪会占据上风，人们很难做到理性地基于现实做出评估——除非用统计学来“救急”。

概率

当然，统计学也只能做这么多了。因为它的用途是收集数据并从中提取出尽可能多的信息，但这可能会导致无法得出确切的结论。在一些更为普遍的情况下，它只会给我们提供概率而非结论，这对我们来说很难理解和使用。例如，对于“我生病了吗？”“会下雪吗？”这

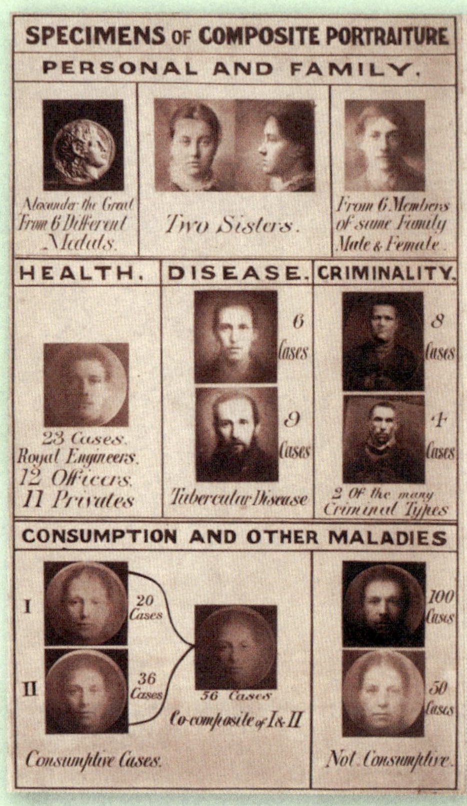

19世纪80年代，弗朗西斯·高尔顿尝试使用统计学分析人的面部特征，以此来评估人的健康状况和道德品质。

些问题，我们需要得到类似“是”或“否”这种确切的结论，如果我们没有得到这种确切的结论，就很难做决策，因此我们有时可能不得不冒险做决策。

总体和样本

通常，在遇到涉及大量数据的问题时，理想情况下，我们需要知道每一个具体数据。在统计学中，这被称为总体。然而总体几乎是无法获得的。不过，我们可以处理总体中的一小部分（即样本）。应用统计学分析问题时，都涉及如

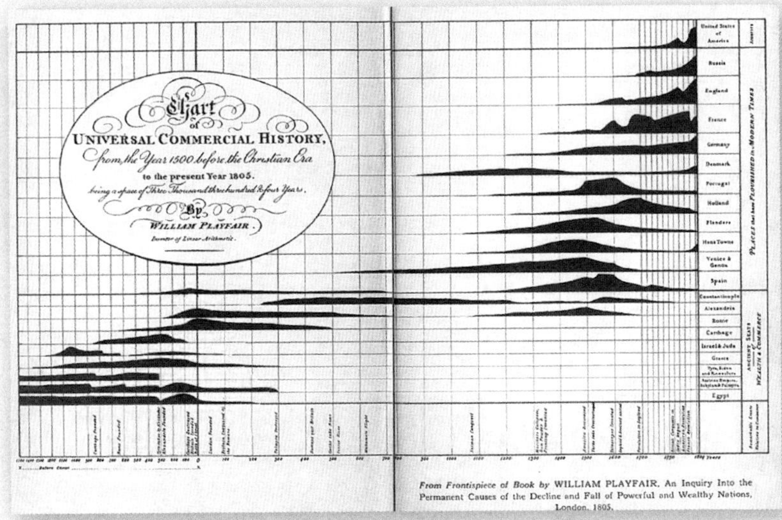

1805年，威廉·普莱费尔在他的“世界商业史图表”中，试图用一张贸易数据图来为我们展示人类漫长的贸易史。其中的数据是清晰、直观的，但他所描述的真的是事实吗？

何采集和分析样本，以及如何根据样本预测更广泛的总体的信息。

早期

与大多数数学分支不同，在古巴比伦、古埃及、古希腊、古印度或古代中国，没有人研究过统计学。这是因为统计学通常是关于随机概率的，而在古代，大部分人认为神不仅决定了人类生活中的方方面面，还决定了自然现象，以及掷骰子游戏中骰子的落地点数。即使在今天，一些赌徒仍然迷信地认为赌博是靠运气。这种对神的信仰是由于古人缺乏对世界的了解。例如，如今我们都知道，无论在哪里，明天的天气总是取决于近期的温度、风的情况和其他天气条件。但是在古代，人们是不知道这些知识的。而且由于第一批统计学家是极具数学天赋的“赌徒”，所以几个世纪以来统计学一直不被重视。但现在，统计学常常在幕后“操控”着我们的生活。

平均值

最简单的统计思想之一是平均值，也叫平均数、均值。公元前 4 世纪，亚里士多德——所有古希腊思想家中最具影响力的一个，谈了很多“平均”的问题。但是对他来说，这个词只是指避免极端。他告诫人们，既不能太勇猛，也不能太懦弱，而是要追求中庸，即“中庸之道”。

亚里士多德对实际数据的兴趣不大。例如，尽管他独立开创了生物学领域，而且还是个已婚男人，但他错误地坚信女性所拥有的牙齿的数量比男性的少。究其原因，是亚里士多德没有用到统计学。尽管如此，古希腊数学家还是提出了一整套观点（但几乎从未被使用过），今天唯一仍在使用的是算术平均值：一组数值的总和除以该组中数值的数量。

没用的平均值

在亚里士多德之后的几个世纪里，似乎没人再有计算平均值的想法，就算有也是出于许多现实需要的原因。

比如，到 13 世纪时，水手依靠罗盘——一种可以指向地磁极（一般指地磁北极）的工具——导航，而罗盘指针指向的地磁北极与地图和地球仪上标注的北极是不一样的，所以水手不得不测量指针角度的偏差程度，即磁偏角。由于这些测量通常是不准确的，水手不得不从一系列值中做出选择，但即使是当时的学者也没有取平均值，而是选择了一个接近中间值的值。

亚里士多德是平均值的忠实拥护者，但他并不过分关注平均值数学意义上的准确性。

在1565年的一次因数学问题引发的决斗中，第谷·布拉赫被削去了鼻梁，所以后来一直戴着假鼻子。

计算平均值的人

最早计算和使用磁偏角平均值的人之一是第谷·布拉赫（他的部分名声来自他的宠物驯鹿，然而那只驯鹿的结局很悲惨：啤酒喝多了，从楼梯上摔了下来），但是直到约 1800 年，仍没有什么人使用平均值，而在 1800 年之后，也只有地图绘制者和天文学家使用。到了 19 世纪末，计算平均值才变成一种常见的行为。

为何平均值没有“意义”

人们之所以这么晚才采用这样一个有用且简单的统计数据，其中一个原因是人们对在实际收集到的数据中看不到的数据感到怀疑，且平均值在今天仍然令人难以接受。比如“平均每个家庭有 2.2 个孩子和 1.2 辆车”可能是正确的，但实际地球上没有一个家庭是这种“平均的家庭”，因此这句话很难理解，毕竟这句话的含义跟“史密斯一家有 3 个孩子”或“典型的美国家庭有 2 辆车”很不一样。

不够典型

事实上，人们往往想知道的不是平均值，而是典型值。如上所述，“平均每个家庭有 2.2 个孩子”这样的说法是毫无意义的，还会引出一些奇怪的说法，比如，这样说很正确：“大多数人的腿的数量超过平均值。”因为有些人只有一条腿，或是没有腿，所以腿的平均值应该是略小于 2 的。由于大多数人都有两条腿，所以他们的腿的数量比平均值多。不过也有平均值不是最佳表述的情况。通常，使用平均值的重点在于找到中间值，但是每袋分别重 11 千克、11 千克、12 千克、13 千克和 23 千克的土豆的平均值是 14 千克——一个不太靠中间的值。20 世纪 20 年代，统计学家使用了另外两种平均值——中位数和众数，这 3 个指标被统称为“中心趋势指标”，每一个指标都适用于特定的情况。

根据这个样本，人类腿的数量的平均值是1。

参见：
► 正态分布，第46页
► 离群值，第108页

中位数和众数

如果我们的数据中有极端值存在，则最好使用中位数，而不是平均值，也就是说，在土豆案例中最好使用中位数——12 千克。中位数是由弗朗西斯·高尔顿在 19 世纪末引入的。与平均值一样，中位数并不总是数据中的某一个：如果有偶数个数，中位数就是中间两个数的平均值。所以 1、2、3 和 6 的中位数是

$$\frac{2+3}{2} = 2.5$$

中位数有一个缺点，就是计算之前，必须对数据进行排序。另外，平均值和中位数存在一个共同的问题：在用于处理一组整体数据时，可能会得出无实际意义的值。比如，一名汽车销售员想知道大多数家庭有多少辆车，当他获得的 10 个家庭的数据分别为 0、0、0、1、1、2、2、2、2 和 4 时，平均值为 1.4，中位数为 1.5。但最常出现的数字，也就是销售员最感兴趣的数字——2，叫作众数，大致相当于人们说的“典型值”。众数是由卡尔·皮尔逊在 1895 年左右提出的。就像中位数一样，众数很容易计算出来，但也像中位数一样，需要对数据先排序，而且众数通常只适用于总数据量小的情况。在一系列精确的数据中，比如 100 个人的体重（精确到克），或者像世界上所有国家的人口那样的大量数据中，可能并不会出现任何相同的值，所以就没有众数。

TABLE VIII.—Range in the HEIGHT of Males at each Age and in the several Classes.
(For further details see Tables VIIIa, VIIIb, VIIIc, and VIIId.)

Age in Years	Total number of Observations.	Median Value					Range in Height at each Age									
							Between Upper and Lower Fourths					Between Upper and Lower Tenths				
		Classes				Average of all Classes	Classes				Average of all Classes	Classes				Average of all Classes
		1	2	3	4		1	2	3	4		1	2	3	4	
		inches	inches	inches	inches	inches	inches	inches	inches	inches	inches	inches	inches	inches	inches	inches
8-	309	—	—	46·9	47·0	47·0	—	—	3·2	3·4	3·3	—	—	·1	6·1	6·1
9-	514	—	—	49·4	49·1	49·3	—	—	3·0	3·0	3·0	—	—	5·6	6·0	5·8
10-	1533	53·9	52·7	50·9	51·0	52·1	2·7	2·7	3·0	2·9	2·8	5·2	5·3	5·8	6·0	5·6
11-	1766	55·2	53·8	52·3	52·7	53·5	3·1	3·2	3·2	3·1	3·2	6·4	6·3	5·9	5·8	6·1
12-	1980	57·1	55·3	53·6	53·5	54·9	3·4	3·7	3·2	3·7	3·5	6·4	6·6	6·3	7·0	6·6
13-	2743	59·0	57·5	55·3	56·7	57·1	3·8	3·7	2·9	2·7	3·3	7·4	7·2	6·1	5·3	6·5
14-	3419	61·2	59·5	—	59·8	60·0	4·5	4·5	—	3·4	4·1	8·6	8·5	—	6·6	7·9
15-	3497	63·7	62·2	61·9	61·3	62·3	4·5	4·6	2·5	4·0	3·9	8·5	8·6	5·1	7·4	7·4
16-	2780	66·4	65·0	63·6	63·0	64·5	3·7	4·4	2·5	3·7	3·6	7·3	8·5	4·7	7·2	6·9
17-	2745	67·9	66·8	65·8	64·7	66·3	3·5	4·0	2·5	3·2	3·3	6·6	7·1	5·1	6·2	6·3
18-	2305	68·3	67·4	66·4	65·4	66·9	3·4	4·2	3·3	2·9	3·5	6·6	7·1	6·4	5·8	6·5
19-	1434	68·6	67·4	66·5	66·1	67·2	3·3	2·9	3·3	3·1	3·2	6·6	5·7	6·5	5·8	6·2
20-	880	69·1	67·8	67·0	66·5	67·6	3·4	3·5	3·1	2·8	3·2	6·7	6·4	6·5	5·5	6·3
21-	757	68·9	66·9	67·0	66·5	67·3	3·4	3·6	3·3	2·8	3·3	6·3	6·1	6·0	5·7	6·0
22-	516	69·0	67·7	67·2	66·5	67·6	3·2	2·9	3·4	3·3	3·2	6·5	5·7	6·3	6·4	6·2
23-	592	68·5	67·5	67·3	66·2	67·4	3·7	3·7	3·3	2·9	3·4	7·0	7·2	6·7	5·3	6·6
24-	517	68·8	67·2	67·0	66·4	67·4	2 8	3·2	3·1	3·3	3·1	5·2	6·9	6·5	6·0	6·2
25-	357	—	67·7	67·4	66·3	67·1	—	2·4	3·4	2·9	2·9	—	5·3	6·8	5·5	5·9
26-	315	—	68·0	67·3	66·4	67·2	—	3·0	3·6	2·2	2·9	—	5·2	7·1	5·2	5·8
27-	255	(69·4)	68·6	67·6	66·8	67·7	(3·1)	3·8	3·2	2·3	3·1	(6·0)	6·8	6·5	4·7	6·0
28-	300	—	68·1	67·4	66·6	67·4	—	3·6	3·2	3·0	3·3	—	6·1	6·5	4·7	5·8
29-	242	—	68·2	67·4	66·9	67·5	—	3·6	2·8	3·1	3·2	—	6·2	5·6	6·6	6·1
30-	1010	(69·7)	67·9	67·5	66·7	67·4	(3·1)	3·2	3·4	3·1	3·2	(5·8)	5·2	6·2	5·7	5·7
35-	824	—	68·0	67·6	67·0	67·5	—	2·7	3·4	2·8	3·0	—	5·5	6·5	5·8	5·9
40-	658	(69·0)	68·2	67·5	66·8	67·5	(3·2)	3·3	3·5	3·0	3·3	(6·8)	7·0	6·6	6·0	6·5
45-	444	—	68·1	67·5	66·3	67·3	—	2·7	3·6	3·4	3·2	—	5·2	6·7	6·2	6·0
50-	185	—	—	68·2	66·5	67·4	—	—	4·0	3·7	2·6	—	—	7·7	8·0	5·2

NOTE.—The ages under Class I., to which the entries within brackets ( ) apply, were grouped differently to those in the other classes (*see* Table VIIIa). It has therefore been necessary to exclude those entries from the 'Average of all Classes.'

26

赔率

数学家吉罗拉莫·卡尔达诺是一个性格古怪而又才华横溢的人。他于1501年出生于意大利，以医学和占星术闻名，他曾游历欧洲，其间一直磨炼他的这两项才能，同时还学习了一些魔术技巧。

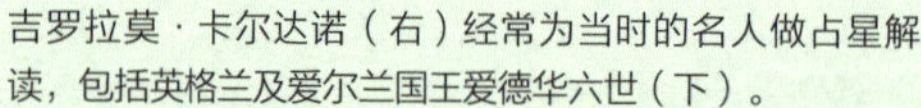

吉罗拉莫·卡尔达诺（右）经常为当时的名人做占星解读，包括英格兰及爱尔兰国王爱德华六世（下）。

其中一种魔术技巧今天仍在使用：一本有黑白图片的图画书，表面看上去很正常，但给观众看过之后，魔术师再次翻动，书中的黑白图片会变成彩色图片。这一魔术被称为“吹书”（在开始变魔术前让人对书吹气），曾给人留下深刻印象，尤其是在彩色图画书很少见的时代。

坏兆头

也许卡尔达诺应该坚持研究魔术。因为当他给英格兰及爱尔兰国王爱德华六世占卜时，他很高兴地报告说，国王将会健康长寿。然而，爱德华六世在占卜过后一个月之内就去世了。卡尔达诺一定感到无比失望。他还推算了耶稣的星座。在一个基督教盛行的社会里，声称耶稣一生的命运可以用占星术来解释，这绝对是一种冒险的行为，因为他可能会被囚禁在意大利宗教裁判所的地牢中几个月之久。

数学的乐趣

在当时，数学更像是一种运动，数学家会在“数学决斗”中互相挑战，以解决棘手的难题。卡尔达诺擅长于此，他喜欢几乎所有类型的数学比赛和游戏，特别是概率游戏。当时大多数人认为掷骰子或抛硬币的结果取决于上帝的意志，或者可能受到魔法的影响，抑或是可以通过占卜来预测。卡尔达诺意识到，可能事情不会如此简单，他由此写了一本关于概率游戏统计的书——《论赌博》。这本书在他的有生之年并未出版（直到1663年才出版），这或许并不让人感到奇怪。首先，由于数学比赛可以赚钱，所以数学技能在当时是一种被严格保守的秘密。除此之外，书中还介绍了一些卡尔达诺最喜欢的作弊方法。尽管卡尔达诺如此费尽心思写了这本书，但是他利用自己的“赌博”技巧赚钱的计划最终还是失败了，他由此总结出一个深刻但又十分矛盾的道理：“要想在赌博中

中世纪的赌徒将他们的成败归因于超自然力。

赢得多，最好的办法就是不赌博。”

掷骰子的概率

据我们所知，卡尔达诺是第一位将数学应用于概率游戏的人。他这样理解掷骰子游戏：如果你掷骰子，得到点数 1、2、3、4、5 或 6 的概率是相等的，因此有 1/6 的概率掷出 3 点（或其他点数）。现在博彩业也把这个概率叫作“赔率”，并且有很多方法可用来表示这个概率。

公平与平衡

掷骰子的概率问题现在看来似乎很明了，但在卡尔达诺所处的时代，即使是不迷信的人，可能也很难理解，其中一个原因是骰子不一定是标准立方体，也许一侧比另一侧重，它是不“公平”的，也就是说，它不遵守游戏规则。完全“公平”的骰子在 16 世纪可不像现在那么容易制作出来，有时人们会用那些故意被制作出来的一侧稍重的骰子来作弊。

概率的表示

抛硬币时，出现正面和反面的概率是相等的。任何这样相等的概率都可以用以下几种方式表示：

$$\frac{1}{2}$$

0.5

50%

“同额赌注”

五五开

概率小于 0.5 被称为“不太可能”“也许会”或“不一定会”，而概率大于 0.5 则被称为“很可能”或“大概会”。

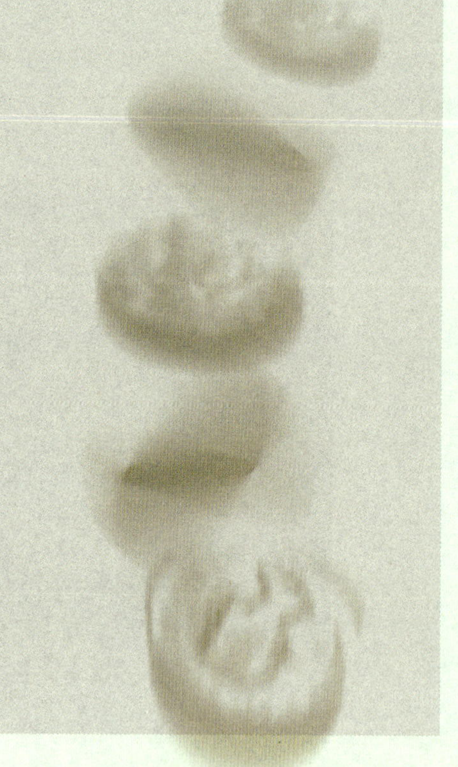

如何应用？

敢打个赌吗？

在一个简单的概率游戏中，一人同时掷出数个骰子，得分是所有骰子点数的总和，可以比谁的点数总和大。卡尔达诺是第一个知道（至少是第一个记录下来）如何计算出获得各种不同结果的概率的人。比如，我们现在掷两个骰子，赌两个骰子的点数总和为 10。

掷两个骰子，两个骰子的点数总和是一个介于 2（含 2，即掷出两个 1 点）和 12（含 12，即掷出两个 6 点）之间的值。

尽管这只是个简单的游戏，但是所有可能的结果可以排成一个长长的列表，一个比较简单的方法是将这些结果放在制成的表格里（但卡尔达诺没有使用这种方法）。

两个骰子点数之和

骰子点数之和		蓝色骰子					
		1	2	3	4	5	6
黄色骰子	1	2	3	4	5	6	7
	2	3	4	5	6	7	8
	3	4	5	6	7	8	9
	4	5	6	7	8	9	10
	5	6	7	8	9	10	11
	6	7	8	9	10	11	12

在上表中，有些数字不止一次出现，因为有时两次掷出的点数总和相同。如果卡尔达诺赌两次掷出的点数总和为 10，他会列举出能得到 10 的方法。从表格中可以看出，点数之和共有 36 种组合，其中有 3 个 10。所以，在 36 种组合中出现 10 的概率为 3/36。虽然人们很容易想到如何掷出 10 点，但是常会犯一个错误（只有表格才能清楚地显示出来），即认为只有两种方法可以得到 10：要么掷出两个 5 点，要么掷出一个 4 点和一个 6 点。

对胜利的信念

尽管卡尔达诺有自己的见解，但他仍无法完全信服由概率得出的结论。虽然对于概率游戏，没有什么比数学方法（还有或多或少的作弊）更具有决定意义的了，但是他认为参与者对胜利的强烈信念会影响概率游戏的结果，而那些胆小怯懦的人将会失败。

1532年，卡尔达诺说，在意大利威尼斯的天空中出现了3个太阳，它们可能是“太阳狗”[1]。

保守秘密

卡尔达诺珍视自己的名誉。毫无疑问，他可能会因破解“概率密码”而闻名于世，但是，由于他选择了不公开他的这一发现，直到1663年他的书《论赌博》才得以出版，而此时已经太晚了，无法改变这一事实了：他的研究成果早已被其他研究这个问题的人发现并公之于众了。在他去世后的几十年里，他被人们记住的主要原因是他的占星预测非常准确。值得一提的是，他准确地预测了自己的死亡日期是1576年9月21日。有人说他为了确保预测准确而自杀了，但不管怎么说，他预测对了。

独立事件

卡尔达诺曾努力计算得到这一结果的概率：掷3个骰子，得到2个6点的概率。他在《论赌博》中的一些地方给出了正确的方法，但在某些其他部分也给出了一些错误的方法。尽管我们可以通过列出所有可能的结果来计算出这一概率，但是这样的列表可能会非常长：掷3个骰子，所有结果有216行；掷10个骰子，所有结果会超过6000万行。而且，尽管像前文那样的表格可以很好地用于两个骰子的情况，但是当掷3个骰子时，则需要一个三维表格。有些公式可以快速计算此类概率，这些公式会在后文介绍，这里先介绍一种相对简单

[1] 译者注：所谓的“太阳狗”指的是假日，也叫幻日，它是在冰晶、卷云、钻石尘和冰雾共同作用下形成的一种自然现象。当太阳位置较低，晶体反射或折射阳光时，靠近太阳两旁，与当地太阳同一高度的左右两边就会出现太阳的侧影，就像出现了3个太阳一样。

（虽然描述过程较长）且容易理解的计算方法。

掷出1个6点的概率是

$$\frac{1}{6}$$

掷出除了6点以外其他点数的概率是

$$\frac{5}{6}$$

所以，我们可以先用两个骰子掷出2个6点，然后用另一个骰子掷出其他点数，3个概率相乘就是我们想要的概率。这一概率是

$$\frac{1}{6}\times\frac{1}{6}\times\frac{5}{6}=\frac{5}{216}$$

也可以这样：先用一个骰子掷出其他点数，然后用另外两个骰子掷出2个6点，3个概率相乘就是我们想要的概率。这一概率是

$$\frac{5}{6}\times\frac{1}{6}\times\frac{1}{6}=\frac{5}{216}$$

还可以这样：我们先掷出1个6点，之后用另一个骰子掷出其他点数，最后再掷出1个6点，3个概率相乘就是我们想要的概率。这一概率是

$$\frac{1}{6}\times\frac{5}{6}\times\frac{1}{6}=\frac{5}{216}$$

至此，已经没有其他方法可以得出这种情况了，所以我们把这3个结果加起来，就可以得到最终答案：

$$\frac{5}{216}+\frac{5}{216}+\frac{5}{216}=\frac{15}{216}$$

$$\approx 0.0694\times 100\%=6.94\%$$

这种方法只适用于掷骰子这样的独立事件，即每次投掷一个骰子的结果不依赖于之前的投掷骰子的结果。例如，将有编号的计数器依次从袋中取出，且不放回，概率在每一次都发生变化，因为其中可取出的计数器是逐个减少的。

参见：
▶ 在期待什么，第28页
▶ 数据分布度的度量，第68页

排列与组合

在 17 世纪的欧洲，人们对数学的兴趣不断增加，数学研究已然成为有钱人的一个流行的爱好。这些人分散在欧洲各地，由于当时互联网还没有被发明出来（甚至连电话也没有），人们彼此之间相互联系可不是件简单的事情。

一位名叫马兰·梅森的法国牧师为数学家设立了一个非正式的“沙龙”，或者叫作俱乐部，从而便于他们交流思想。除了举行会议外，梅森还通过转发和复印信件帮助他们保持联系。沙龙成员中有一位名叫艾蒂安·帕斯卡的法国公务员。

从图中可以看到，布莱兹·帕斯卡（右二）在与数学天才勒内·笛卡儿聊天，而梅森（右三）在与射影几何创立者之一——吉拉尔·德萨尔格（又译为吉拉尔·德扎格）讨论。

马兰·梅森

数学的诱惑

艾蒂安·帕斯卡有一个叫布莱兹·帕斯卡（后文的帕斯卡特指布莱兹·帕斯卡）的儿子，艾蒂安想让帕斯卡受到当时正统的教育，这意味着只需要学习语言和文学，而不学习数学。艾蒂安是一位仁慈的父亲，他不想让儿子学习太过劳累。然而不久之后，帕斯卡开始独自学习几何学，并对此十分热爱。眼见他如此热爱数学，他的父亲便不再限制他学习，并教给了他更多的数学知识。帕斯卡也开始参加梅森的沙龙，并很快成为著名的数学家。

金钱的诱惑

当时赌博盛行，热爱赌博的法国贵族舍瓦利耶·德·梅雷因赌博与帕斯卡成为朋友。有一天，舍瓦利耶问了帕斯卡一个非常实用的数学问题。许多类型的游戏都会进行很多回合，然后记录谁赢的回合数最多。在游戏一开始，玩家把钱全放进一个壶中，到游戏结束时，赢的回合数最多的玩家，就把钱都拿走。舍瓦利耶的问题是，当一个玩家暂时是赢家，但所有回合未结束时游戏被打断了，壶里的钱该怎么分。

点数问题

这一难题叫作点数问题。尽管帕斯卡已成为那个时代最伟大的数学家之一，但是解决这一难题还是超出了他的能力范围。幸运的是，他还有一位伟大的数学家朋友——皮埃尔·德·费马，于是帕斯卡向他求助。当时费马没有像以前一样频繁外出，这的确是好事，因为当时瘟疫正肆虐整个欧洲，患病而死的人数不胜数。甚至1652年还有报道说费马死于瘟疫，但后来这个传言被证明是假的。费马躲过了瘟疫之灾，可他的许多资深的同事都死了——这也意味着他被迅速提拔了。

突破口隐藏在信件中

不仅费马因居家而受益，数学研究也因费马居家而前进了一步。他和帕斯卡从未见过面，二人都是通过信件阐述各自的想法并展开讨论，然后给沙龙的其他成员看。尽管两人使用了不同的方法，但是他们得出了相同的结论：解决这个问题的方法是，假设游戏没有中断，然后探索所有可能的结果。我们假设这场游戏谁得3分谁就赢。当玩家A已经得了1分，而玩家B得了0分时游戏被打断了。也就是说玩家A需要再得2分（或2分以上）才能赢，玩家B则需要

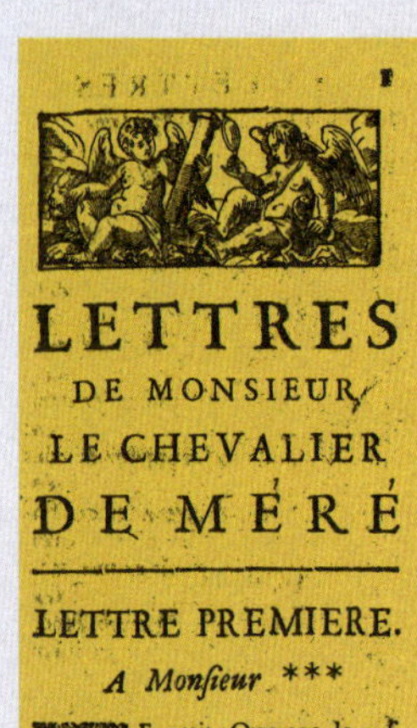

LETTRES
DE MONSIEUR
LE CHEVALIER
DE MÉRÉ

LETTRE PREMIERE.

*A Monsieur ****

CE petit Ouvrage de vostre façon m'a fort réjoüy. Je vous en remercie, & pour vous montrer que je n'en suis pas ingrat, quoyque je n'ai-

Tom. I. A

110 *Lettres de Monsieur*

souhaite de vous une si aimable personne, & vous l'apprendrez par u Lettre qu'elle vous en écrit; M je vous predis que si vous estes heureux que de la pouvoir ser vous me remercierez à quelque her de vous en avoir prié. Je vous c jure donc, Monsieur, de ne v pas corriger en cette rencontre d estre un amy trop violent, & de croire avec toute l'estime & to l'affection que je vous dois. Vo tres-humble & tres-obeïssant s viteur.

LETTRE XIX.

A Monsieur Pascal.

VOus souvenez-vous de m voir dit une fois, que v n'estiez plus si persuadé de l'exc ence des Mathematiques. V

le Chevalier de Méré. 111

m'écrivez à cette-heure que je vous en ay tout-à-fait desabusé, & que je vous ay découvert des choses que vous n'eussiez jamais veües si vous ne m'eussiez connu. Je ne sçay pourtant, Monsieur, si vous m'estes si obligé que vous pensez. Il vous reste encore une habitude que vous avez prise en cette Science à ne juger de quoy que ce soit que par vos demonstrations qui le plus souvent sont fausses. Ces longs raisonnemens tirez de ligne en ligne vous empeschent d'entrer, d'abord en des connoissances plus hautes qui ne trompent jamais. Je vous avertis aussi que vous perdez par-là un grand avantage dans le monde, car lors qu'on a l'esprit vif, & les yeux fins on remarque à la mine & à l'air des personnes qu'on voit quantité de choses qui peuvent beaucoup servir, & si vous demandiez selon vostre coûtume à celui qui sçait profiter de ces sortes d'observations sur quel principe elles sont fondées, peut-estre vous diroit-il qu'il n'en sçait

概率论始于一位绅士赌徒的信件，在信中他向数学家请教如何在概率游戏中更容易地赢。

再得 3 分（或 3 分以上）才能赢。我们再假设这场游戏还将继续进行 4 局（因为那时肯定已经有人赢了），则共有 16 种可能。为了节省篇幅，我们将玩家 A 赢一局标记为 a，将玩家 B 赢一局标记为 b。aaab 表示 A 赢了前 3 局，B 赢了最后一局。

所有会出现的结果为：aaaa、aaab、aaba、aabb、abaa、abab、abba、abbb、baaa、baab、baba、babb、bbaa、bbab、bbba、bbbb。

之前玩家 A 已经得了 1 分。让玩家 A 得 2 分或 2 分以上，从而赢的情况有 11 种：aaaa、aaab、aaba、aabb、abaa、abab、abba、baaa、baab、baba、bbaa。

玩家 B 得 3 分或 3 分以上从而赢的其他 5 种情况：abbb、babb、bbab、bbba、bbbb。

也就是说，在 11 种情况下玩家 A 赢，在 5 种情况下玩家 B 赢。所以，在这个例子中，点数问题的答案是，玩家 A 获得所有钱的 11/16，玩家 B 获得所有钱的 5/16。

数学又停滞了

费马和帕斯卡对他们的发现感到非常兴奋，但仅仅几个月后，他们的通信就停止了。从某种意义上讲，这是因为帕斯卡找到了他的宗教信仰，并认为继续研究赌博对他来说是不道德的，更令人惊讶的是，甚至继续学习数学都被他从道德层面上否定了。虽然他后来对数学的看法有所改观，但是再也没有与费马通信过。（帕斯卡的最后一个与数学沾边的工作是为巴黎规划公共马车服务

费马因他经过300多年才被证明的费马大定理而闻名。他在概率论方面也取得了很大的成功，但他的贡献在很大程度上被人们遗忘了。

系统，这一系统于 1662 年推出，是世界上第一个公共交通系统。）

整理数据

在帕斯卡和费马的往来信件中，有一个对后世来说极为重要的“遗产”，那就是他们对事物排列方式的分析。虽然卡尔达诺明白计算概率游戏可能结果的最直接方法是计算所有获胜结果的数量，然后除以结果的总数，但是帕斯卡和费马找到了不需要把所有结果罗列出来的方法。和卡尔达诺一样，帕斯卡和费马也只是把他们的这一方法应用于概率游戏，但该方法后来被用来解决许多其他类型的问题。他们的方法适用于事物以不同方式排列的情况——任何事物都适用，无论这些事物是骰子、原子还是人。

阶乘

对于涉及事物排列的问题，十分有用的数学解决方法是阶乘。数字 n 的阶乘写作 $n!$，读作“n 的阶乘”，定义式如下：

$$n! = n \times (n-1) \times (n-2) \times \cdots \times 1$$

某些问题如果使用阶乘会更容易解决。比如，安娜、布赖恩、克里斯蒂娜和戴夫坐在同一排的 4 把椅子上，想要确定他们 4 个的座位有多少种排列方式，我们要做的就是计算 4!（因为有 4 个坐着的人），即 4!=4×3×2×1=24。我们也可以通过这个例子来说明如何使用阶乘。安娜可以坐在 4 把椅子中的任何一把上，然后剩下 3 把椅子，布赖恩可以坐在剩下的这 3 把椅子中的任何一把上，所以他和安娜一共有 4×3=12 个选择。

之后剩下 2 把空椅子是克里斯蒂娜可以坐的，所以，他们 3 人一共有 4×3×2=24 个选择。而戴夫只能坐在剩下的最后一把椅子上，所以他只有 1 个选择，因此安娜、布赖恩、克里斯蒂娜和戴夫 4 人共有 4×3×2×1=24 个选择，也就是有 24 种座位排列方式。

从四变为二

如果只有安娜和布赖恩参与，情况又如何呢？他们还是可以坐 4 把椅子，这时座位可以有多少种排列方式？要想知道如何计算，可以想象成像以前一样有 4 个人。然后和以前一样计算，第一个人有 4 个选择，第二个人有 3 个选择，第三个人有 2 个选择，第四个人有 1 个选择。但是当没有第三个人和第四个人时，我们在前两人就座后便停止计算：第一人有 4 个选择，第二人有 3 个选择，即 $4\times3=12$。

我们可以将其总结为一个公式：

$$\frac{n!}{(n-m)!}$$

其中，n 是椅子的数量，m 是参与者的人数。在这个例子中，是这样计算的：

$$\frac{4!}{(4-2)!}=\frac{4!}{2!}=\frac{4\times3\times2\times1}{2\times1}=\frac{24}{2}=12$$

此结果和我们刚才计算出来的一样。仔细看上式中第二个等号后的式子，可以看出它实际上与 4×3 的计算结果相同。与其这么计算，我们不如约掉分数线上方和下方的相同项，从而直接得出刚才的 4×3 的结果。

同类事物的排列

有时，要排列的并不是完全不同的事物。假设我们只对 4 人组中的男性和女性排座的方式感兴趣，但对男性或女性坐在哪里不感兴趣。将所有可能情况都列出，只有 6 种排列方式（M 代表男性，F 代表女性）：MMFF、MFMF、MFFM、FMFM、FMMF、FFMM。

这也可用一个公式表达，它也涉及阶乘。在 n 个对象中，一种类型有 p 个，而另一种类型有 q 个，它们的排列方式的数量是

$$\frac{n!}{p!q!}$$

因此，4 个人里，2 个为男性，2 个为女性，他们的排列方式的数量为

$$\frac{4!}{2!2!}=\frac{24}{4}=6$$

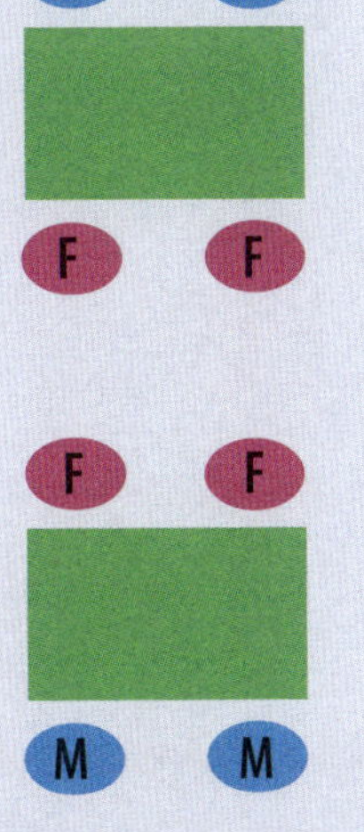

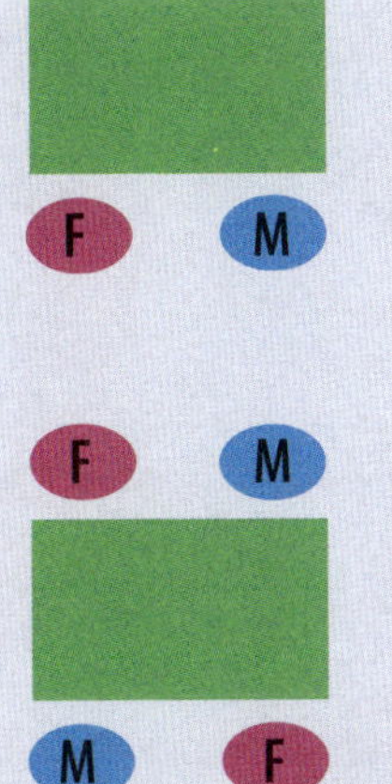

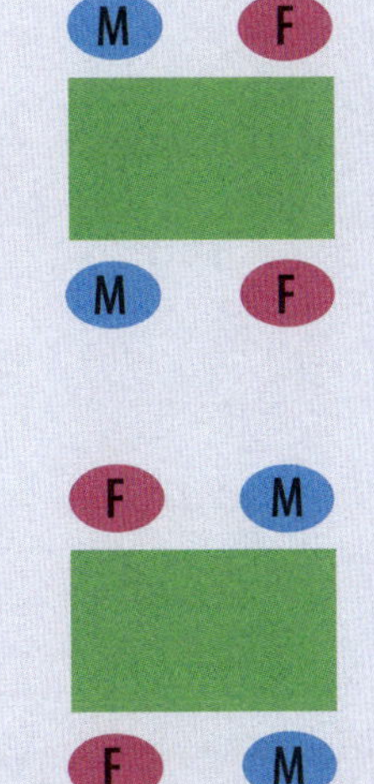

如果是你，你该如何摆放这些椅子呢?

更大的问题

一旦涉及稍大的数字，相比列出所有可能情况这种方法来说，公式的实用价值就立马凸显出来了。猜猜“aardvark”（土豚）这个词中的字母有多少种排列方式？这个词含有 8 个字母，所以 n 是 8。“a”出现了 3 次；“r”出现了 2 次；d、v 和 k 各出现 1 次，因此不参与计算。所以

$$\frac{8!}{3!\,2!}=\frac{40320}{6\times 2}=3360$$

要是通过写出所有可能情况来解决这个问题，即使你一秒写一个不停地写，恐怕也得需要将近一小时才能写完。

组合

组合是一种不考虑排列顺序的排列方式。（与之相对的是，在排列中顺序是很重要的。）假设你想购买 7 种不同的餐食，下周每天都吃一种（因此，根据第 24 页总结的排列问题计算公式，m 是 7）。你去商店发现有 10 种餐食可供选择（因此，n 是 10）。你可以做出的选择的数量是

$$\frac{10!}{(10-7)!}$$

答案是 604800。幸运的是，我们不必将它们全写下来！从 604800 个选择中挑选出正确的选择令人生畏，最好的办法是向统计学家寻求帮助。他们的回答是，只考虑 7 顿餐食的种类而不必考虑吃的顺序。这将大大减少选择的数量，并且通过一个简单的规则我们能知道可以将选择的数量减少到什么程度。为了找到这个规则而不必把本书的后半部分都写成菜单，这里举个例子：列举 3 天的 3 种餐食，比如比萨、汉堡和意大利面。于是在下表中，我们每天的餐食有这 6 个选择。如果我们不考虑顺序，这 6 个选择就归为一组（比萨、汉堡、意大利面），所以我们现在每餐有 1/6 个选择。请注意，这里的 1/6 是 1/（3!），

如何应用？

组合还是排列？

买彩票就涉及组合的知识。中奖数字以什么顺序或排列方式出现在彩票上并不重要，要想中奖我们只需选对中奖数字就行。在典型的彩票玩法中，要从 59 个号码中选出 6 个号码。由于顺序无关紧要，我们使用如下公式：

$$\frac{n!}{r!(n-r)!}$$

代入数值，可得

$$\frac{59!}{6!(59-6)!}$$

结果是 45057474。因此，如果你能坚持在接下来的 45057474 周内每周购买一次彩票，那么你就有可能中奖。可悲的是，这加起来已经超过 866000 年了。想要记住组合和排列之间的区别，就请记住一个形象的例子：发明密码锁（如保险箱的密码锁）的人并不是统计学家。数字的顺序在密码锁中很重要。所以，密码锁实际上是数字排列锁。

而 3! 的由来是我们计算 3 种餐食。回到最初的问题，我们的答案就是所有选择的数量乘 [1/（餐数!）]，即 1/（7!），即乘 1/5040。

所以，我们可以给出结果：

$$\frac{1}{7!}\times\frac{10!}{(10-7)!}=\frac{1}{5040}\times604800=120$$

因此，共有 120 个选择，这已不像最初的结果那么大得可怕了。一般来讲，当顺序重要时，我们使用 $n!/[(n-m)!]$，用 A_n^m 表示，其中 A 指代排列；而当顺序无关紧要时，我们使用 $n!/[m!(n-m)!]$，用 C_n^m 或者 $\binom{n}{m}$ 表示，其中 C 指代组合。

参见：
▶ 数据的形状，第38页
▶ 随机性，第112页

在期待什么

17 世纪初，费马和帕斯卡之间往来的许多信件中都充满了关于概率和统计的新想法。这些信件被一些法国数学家抄录、传阅和讨论。尽管如此，统计学依旧未能被接纳为一个数学分支，这主要是由于统计学与赌博密切相关。1655 年，当荷兰科学家克里斯蒂安 · 惠更斯访问巴黎并听说了这些信件时，情况开始出现变化。

惠更斯是一个兴趣广泛的人，他的研究方向不仅包括天文学（他研究土星环并发现了土星最大的卫星——泰坦星），还包括物理学（他创立了光的学说）。他也研究计时问题（他发明了摆钟）。惠更斯还发明了幻灯机，它是电影院使用的电影放映机的“始祖”。但他不愿承认这是他的发明，因为幻灯机经常被用来制造可怕的恶魔和其他怪物的形象以恐吓人们，因此这个机器很快就声名狼藉。

外星怪物

惠更斯还试图用科学推理来确定其他行星上是否存在生命。他的结论是存在。与他同时代的其他几个人也提出了这种可能性，他们通常假设其他星球的智慧生物看起来与我们非常相似，但惠更斯意识到，外星人可能并不与我们相似。它们可能“骨头里面长着肉”，还有“比我们大五六倍的圆碟状的大眼睛”。尽管他是那个时代的伟大发明家之一，但是遗憾的是，他在这一工作上并没有取得太大进展，也不知道如何前往其他行星去验证他的观点是否正确，只说“一

SYSTEMA SATURNIUM. 55

Cujus phaseos vera proinde forma, secundum ea quæ supra circa annulum definivimus, ejusmodi erit qualis hic delineata cernitur, majori ellipsis diametro ad minorem se habente fere ut 5 ad 2.

Atque

1659年版惠更斯的《土星系统》（*Systema Saturnium*）一书中的一页。

幻灯机是早期的投影仪，用于在戏剧表演中制造幽灵一类的特殊效果。

些飞马”（古希腊神话中的飞马）可能会帮到我们。

首次印刷

帕斯卡对惠更斯的才学印象深刻，他缠着这位荷兰人写一本关于统计学的书，惠更斯还真写了《论概率游戏中的推理》（*De ratiociniis in ludo aleae*）——该书于1657年首次出版。它是第一本现代意义上关于统计学的图书，并且在至少半个世纪以来，一直是该类主题中最受欢迎的图书。

惠更斯著作《宇宙论》的希腊语版。

CHRISTIANI
HUGENII
ΚΟΣΜΟΘΕΩΡΟΣ,
SIVE
De Terris Cœlestibus, earumque ornatu,
CONJECTURÆ.
AD
CONSTANTINUM HUGENIUM,
Fratrem:
GULIELMO III. MAGNÆ BRITANNIÆ REGI,
A SECRETIS.

HAGÆ-COMITUM,
Apud ADRIANUM MOETJENS, Bibliopolam.
M. DC. XCVIII.

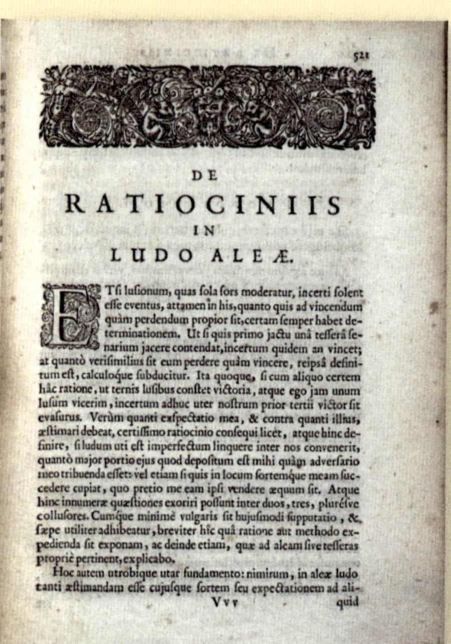

521

DE RATIOCINIIS IN LUDO ALEÆ.

ETsi lusionum, quas sola sors moderatur, incerti solent esse eventus, attamen in his, quanto quis ad vincendum quàm perdendum propior sit, certam semper habet determinationem. Ut si quis primo jactu unâ tesserâ senarium jacere contendat, incertum quidem an vincet; at quantò verisimilius sit eum perdere quàm vincere, reipsâ definitum est, calculoque subducitur. Ita quoque, si cum aliquo certem hâc ratione, ut ternis lusibus constet victoria, atque ego jam unum lusum vicerim, incertum adhuc uter nostrum prior tertii victor sit evasurus. Verùm quanti exspectatio mea, & contra quanti illius, æstimari debeat, certissimo ratiocinio consequi licet, atque hinc definire, si ludum uti est imperfectum linquere inter nos convenerit, quantò major portio ejus quod depositum est mihi quàm adversario meo tribuenda esset: vel etiam si quis in locum sortemque meam succedere cupiat, quo pretio me eam ipsi vendere æquum sit. Atque hinc innumeræ quæstiones exoriri possunt inter duos, tres, pluresve collusores. Cumque minimè vulgaris sit hujusmodi supputatio, & sæpe utiliter adhibeatur, breviter hîc quâ ratione aut methodo expedienda sit exponam, ac deinde etiam, quæ ad aleam sive tesseras propriè pertinent, explicabo.

Hoc autem utrobique utar fundamento: nimirum, in aleæ ludo tanti æstimandam esse cujusque sortem seu expectationem ad ali-

Vvv quid

惠更斯于1657年出版的书《论概率游戏中的推理》的扉页。

巨大的期望

惠更斯试图将统计学转变为分析各种数据的强大工具，他通过引入“期望”的概念，朝着该目标迈出了关键一步。像许多统计学概念一样，“期望”现在似乎是一个很清楚、明了的概念，即当你多次执行某个随机过程时，你期望发生的情况。它确实清楚地解释了当我们说掷骰子有 1/6 的概率掷得 2 点（假设）时我们想要表达的意思。如果你掷一次骰子，就没理由说必须只得到一个 2 点而不是其他点数，但是掷 6000 次，你会期望得到大约 1000 个 2 点。

量子统计学

某些放射性材料，如镭，会随机释放光和其他形式的能量，而每次随机释放能量的概率都有一个期望值，该值是通过将统计学应用于量子物理学计算出来的。

期望平均值

一个不太直观的例子是，当你多次掷骰子时，你期望的平均点数是多少。在继续阅读之前，请尝试猜一个答案。如果掷骰子 1000 次，将每次的点数相加，然后将和除以 1000，你期望得到什么值？为了获得答案，我们写出每个可能结果（X）的概率。例如，掷出 4 点

骰子和赌博都具有很古老的历史。各种说法中最古老的是它们具有近5000年的历史。

如何应用？

值得吗？

期望值通常用于制定关于计划是否值得执行的业务决策。例如，一家公司的经理试图尽可能降低产品的成本，他知道每 100 个产品中就有 1 个会出现质量问题，但他无法承担全部产品的测试费用。如果产品有质量问题，产品将会被退回，公司将会退款。如果这些产品的定价为每个 25 元（包含 1 元的利润），经理就只能以低价击败竞争对手。销售这些产品值得吗？我们这样计算期望值（E）：

$$E = 1\times\frac{99}{100} - 25\times\frac{1}{100} = 0.74\text{（元）}$$

0.74 元是利润，所以这是一个值得实施的计划。但是，0.74 元是在销售许多产品后，每个产品的平均预期利润，从长远来看，该计划确实会取得成功，而如果销售的前 10 个产品中，有 1 个出现质量问题，公司就会亏损

$$1\times9-25\times1=-16\text{（元）}$$

的概率（P）是 1/6，我们可以写成：

$$P(X=4)=\frac{1}{6}$$

我们可以把每个可能结果写成这样的形式：

$$P(X=1)=\frac{1}{6}\qquad P(X=2)=\frac{1}{6}$$

$$P(X=3)=\frac{1}{6}\qquad P(X=4)=\frac{1}{6}$$

$$P(X=5)=\frac{1}{6}\qquad P(X=6)=\frac{1}{6}$$

这些是掷出某一点数的概率，现在我们把它们写成分数的形式。游戏非常简单，因此步骤也很简单。如果我们掷出的点数为 1 就得 1 分，并依此类推，将此应用于每个点数，我们就会得到期望值（E）：

$$E(X)=1\times P(X=1)+2\times P(X=2)+3\times P(X=3)+4\times P(X=4)+5\times P(X=5)+6\times P(X=6)$$

最后，代入我们之前计算的这些概率的分数，并将它们相加，得到

$$E(X)=\frac{1}{6}+\frac{2}{6}+\frac{3}{6}+\frac{4}{6}+\frac{5}{6}+\frac{6}{6}=\frac{21}{6}=3.5$$

因此，多次掷一个骰子的平均点数是 3.5。

参见：
- ▶ 平均值，第10页
- ▶ 测量置信度，第154页

生与死的问题

在 17 世纪 60 年代，随着瘟疫在整个城市肆虐，伦敦每天都有数百人死亡。由于不了解致病原因，没有人知道如何战胜瘟疫。人们唯一能做的就是远离那些瘟疫最流行的地区。

人们知道这些地区的位置，因为自 1611 年以来，虔诚的教区职员每周都会制作一份“死亡名单”，列出伦敦不同地区的死亡人数和死亡原因。

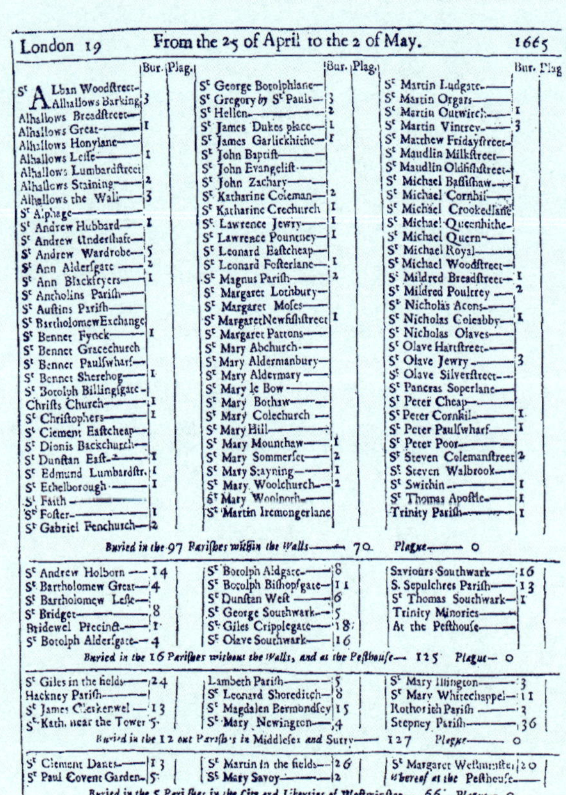

London 19 From the 25 of April to the 2 of May. 1665

	Bur.	Plag.		Bur.	Plag.		Bur.	Plag
St Alban Woodstreet			St George Botolphlane			St Martin Ludgate		
Alhallows Barking	3		St Gregory by St Pauls	3		St Martin Orgars		
Alhallows Breadstreet			St Hellen	2		St Martin Outwitch	1	
Alhallows Great	1		St James Dukes place	1		St Martin Vintrey	3	
Alhallows Honylane			St James Garlickhithe	1		St Matthew Fridaystreet		
Alhallows Lesse	1		St John Baptist			St Maudlin Milkstreet		
Alhallows Lumbardstreet			St John Evangelist			St Maudlin Oldfishstreet		
Alhallows Staining	2		St John Zachary			St Michael Bassishaw	1	
Alhallows the Wall	3		St Katharine Coleman	2		St Michael Cornhil		
St Alphage			St Katharine Crechurch	1		St Michael Crookedlane		
St Andrew Hubbard	1		St Lawrence Jewry	1		St Michael Queenhithe		
St Andrew Undershaft			St Lawrence Pountney	1		St Michael Quern		
St Andrew Wardrobe	5		St Leonard Eastcheap			St Michael Royal		
St Ann Aldersgate	2		St Leonard Fosterlane	1		St Michael Woodstreet		
St Ann Blackfryers	1		St Magnus Parish	2		St Mildred Breadstreet	1	
St Antholins Parish			St Margaret Lothbury			St Mildred Poultrey	2	
St Austins Parish			St Margaret Moses			St Nicholas Acons		
St BartholomewExchange			St MargaretNewfishstreet	1		St Nicholas Coleabby	1	
St Bennet Fynck	1		St Margaret Pattons			St Nicholas Olaves		
St Bennet Gracechurch			St Mary Abchurch			St Olave Hartstreet		
St Bennet Paulswharf			St Mary Aldermanbury			St Olave Jewry	3	
St Bennet Sherehog	1		St Mary Aldermary			St Olave Silverstreet		
St Botolph Billingsgate			St Mary le Bow			St Pancras Soperlane		
Christs Church	1		St Mary Bothaw			St Peter Cheap		
St Christophers	1		St Mary Colechurch			St Peter Cornhil	1	
St Clement Eastcheap			St Mary Hill			St Peter Paulswharf	1	
St Dionis Backchurch			St Mary Mounthaw	1		St Peter Poor		
St Dunstan East	1		St Mary Sommerset	2		St Steven Colemanstreet	2	
St Edmund Lumbardstr.	1		St Mary Stayning	1		St Steven Walbrook		
St Ethelborough	1		St Mary Woolchurch	2		St Swithin	1	
St Faith			St Mary Woolnoth			St Thomas Apostle	1	
St Foster	1		St Martin Iremongerlane			Trinity Parish	1	
St Gabriel Fenchurch	2							

Buried in the 97 Parishes within the Walls — 70 *Plague* — 0

St Andrew Holborn	14	St Botolph Aldgate	8	Saviours Southwark	16
St Bartholomew Great	4	St Botolph Bishopsgate	11	S. Sepulchres Parish	13
St Bartholomew Lesse		St Dunstan West	6	St Thomas Southwark	1
St Bridget	8	St George Southwark	5	Trinity Minories	
Bridewel Precinct	1	St Giles Cripplegate	18	At the Pesthouse	
St Botolph Aldersgate	4	St Olave Southwark	16		

Buried in the 16 Parishes without the Walls, and at the Pesthouse — 125 *Plague* — 0

St Giles in the fields	24	Lambeth Parish	5	St Mary Islington	3
Hackney Parish		St Leonard Shoreditch	8	St Mary Whitechappel	11
St James Clerkenwel	13	St Magdalen Bermondsey	15	Rothorith Parish	3
St Kath. near the Tower	5	St Mary Newington	4	Stepney Parish	36

Buried in the 12 out Parishes in Middlesex and Surry — 127 *Plague* — 0

St Clement Danes	13	St Martin in the fields	26	St Margaret Westminster	20
St Paul Covent Garden	5	St Mary Savoy	2	whereof at the Pesthouse	

Buried in the 5 Parishes in the City and Liberties of Westminster — 66 *Plague* — 0

E 3

这是1665年的伦敦“死亡名单”的一部分。

整理数据

伦敦商人约翰 · 格朗特（又译为约翰 · 格兰特）意识到，如果将各周的数据汇集起来，就可以得到更多数据。因此，他开始分析和整理数据，并在这个过程中创立了人口统计学；顾名思义，这是用来统计人口的统计学。如今，保险公司、政府、卫生服务机构和其他许多机构的工作都依赖于人口统计数据。格朗特所做的不仅仅是将数据相加，他还对其进行了评估，例如，他意识到，当记录显示一些非常年长的人死于咳嗽时，也就说明他们没有受到瘟疫影响，是死于衰老的。格朗特于 1662 年发表了与他的这一发现有关的《关于死亡表的自然的和政治的考察》一书。格朗特通过他的分析得出的许多发现表明了统计数据有多么实用。他发现每年新出生的男孩多于女孩，但每年死亡的男性多于女性，这导致伦敦成年男性和成年女性的数量

The Diſeaſes, and Caſualties this year being 1632.

ABortive, and Stilborn	445	Jaundies	43
Affrighted	1	Jawfaln	8
Aged	628	Impoſtume	74
Ague	43	Kil'd by ſeveral accidents	46
Apoplex, and Meagrom	17	King's Evil	38
Bit with a mad dog	1	Lethargie	2
Bleeding	3	Livergrown	87
Bloody flux, ſcowring, and flux	348	Lunatique	5
Bruſed, Iſſues, ſores, and ulcers,	28	Made away themſelves	15
Burnt, and Scalded	5	Meaſles	80
Burſt, and Rupture	9	Murthered	7
Cancer, and Wolf	10	Over-laid, and ſtarved at nurſe	7
Canker	1	Palſie	25
Childbed	171	Piles	1
Chriſomes, and Infants	2268	Plague	8
Cold, and Cough	55	Planet	13
Colick, Stone, and Strangury	56	Pleuriſie, and Spleen	36
Conſumption	1797	Purples, and ſpotted Feaver	38
Convulſion	241	Quinſie	7
Cut of the Stone	5	Riſing of the Lights	98
Dead in the ſtreet, and ſtarved	6	Sciatica	1
Dropſie, and Swelling	267	Scurvey, and Itch	9
Drowned	34	Suddenly	6
Executed, and preſt to death	18	Surfet	[illegible]
Falling Sickneſs	7	Swine Pox	[illegible]
Fever	1108	Teeth	[illegible]
Fiſtula	13	Thruſh, and Sore mouth	[illegible]
Flocks, and ſmall Pox	531	Tympany	[illegible]
French Pox	12	Tiſſick	[illegible]
Gangrene	5	Vomiting	[illegible]
Gout	4	Worms	[illegible]
Grief	11		

Chriſtened { Males—4994, Females-4590, In all—9584 } Buried { Males—4932, Females—4603, In all—9535 } Whe[illegible] of the Plague[illegible]

Increaſed in the Burials in the 122 Pariſhes, and at the Peſtho[illegible]

Decreaſed of the Plague in the 122 Pariſhes, and at the Peſtho[illegible]

格朗特使用原始数据说明不同死因出现的频率。

大致相同。他还证明，新国王加冕时会出现瘟疫的说法是无稽之谈。

科学审批

格朗特的书的重要性立刻得到了认可，同年他被选入英国皇家学会，这是一个几乎完全由富有的男性组成的科学俱乐部（女性成员被禁止加入）。因为国王查理二世很高兴听到格朗特证明瘟疫的爆发与他的加冕无关，所以很支持他入选。如果没有国王查理二世的支持，格朗特作为一名需要工作的平民是不会受学会欢迎的。查理二世甚至指示学会“如果发现更多这样的商人，不用多说，应该确保全部接纳他们”。1666 年，格朗特的生意随伦敦大火一起被毁。雪上加霜的是，他被指控纵火并助长火势蔓延。尽管最后他被无罪释放，并在伦敦的一家供水公司找到了一份经理的工作，但他的余生都在严重的财务问题中度过。

参见：
- 贝叶斯的惊人定理，第52页
- 视觉统计学，第64页

17世纪60年代，瘟疫被认为是通过空气传播的，因此医生戴着装满草药的鸟喙形状的面罩来过滤空气。

你能活多久

埃德蒙·哈雷因正确预测了一颗彗星的回归而闻名于世。这颗彗星就是著名的哈雷彗星。除此之外，他还有很多兴趣爱好。比如他发明并首次使用了一种新型潜水钟，还周游世界去研究地质、天文、天气系统和地球引力场。

哈雷生活在一个“坏脾气”科学家众多的时代，却以自身的人格魅力而闻名。他把这种人格魅力用在了艾萨克·牛顿

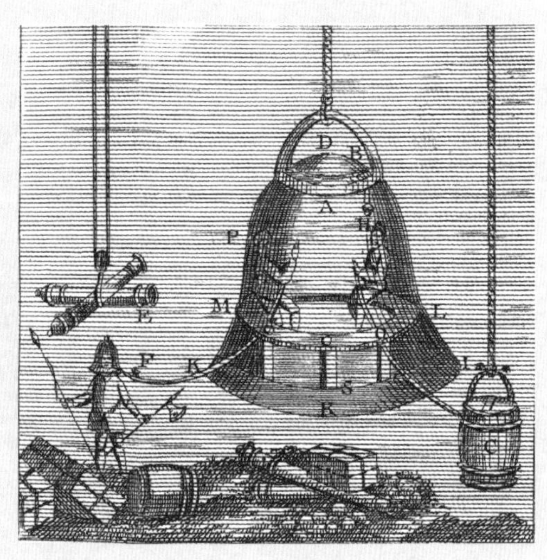

若是想去探索海底世界，潜水钟也许帮得上忙。

在17世纪40年代的英国内战期间，未来的国王查理二世为了躲避凶残的叛军而不得不躲在一棵橡树上。而他的父亲查理一世很不幸——他被处决了。

埃德蒙 · 哈雷

身上，要知道牛顿的脾气可是相当古怪。当时哈雷设法说服牛顿出版《自然哲学的数学原理》一书，这本解释了运动和万有引力定律的书，是有史以来最重要的科学著作之一。（哈雷最终在 1687 年资助了该书的出版。）国王查理二世非常喜欢哈雷，他命令牛津大学给哈雷一个学位。哈雷之所以能博得国王喜欢，可能是因为他曾以查理二世在战斗中被击败后躲藏的橡树命名了南半球天空中的一个星座。

流动变化的城市

在统计学中，哈雷有一项重要的贡献，其涉及统计学在研究人类寿命长短方面的应用。哈雷在研究格朗特所分析的伦敦城市人口数据时，发现了一些起初看起来很奇怪的情况：一方面，死亡人数比出生人数多得多（主要是由于瘟疫）；但另一方面，伦敦的城市人口数量正在稳步增加。唯一可能的解释是，很多人从乡下搬进了城里。

伦敦公墓中的墓碑，死者死于17世纪60年代爆发的瘟疫。

波兰的布雷斯劳，现名为弗罗茨瓦夫。

“死亡率表”

哈雷察觉到，这是一个值得研究的问题。他想要有效地调查一个人多年的生活情况，以建立可靠的“死亡率表”，通过该表可以回答诸如“一个50岁的伦敦人再活10年的概率是多少”之类的问题。回答这类问题对如今的保险公司来说是必不可少的，这类问题可以被归结为“某年出生的婴儿可能活多少年”。

布雷斯劳给出的答案

哈雷担心他不能得出关于某个伦敦人一生生活情况的结论，因为很多伦敦人并不是在伦敦出生的（格朗特的数据仅适用于伦敦）。因此，他选择了一个人口数据与伦敦一样完整，但人口更稳定的城市——波兰的布雷斯劳的人口数据。利用这些数据，哈雷继续开发计算保险费率的方法。哈雷对布雷斯劳人口数据的分析不仅在统计学方面具有重要性，还揭示了当时人们生活中的一些悲惨事实：在每年出生的1238名婴儿中，有348名会在2个月内死亡（今天，我们将其表示为约28%的第一年死亡率），而且这1238人中只有692人过了7岁生日。

最低的死亡率

从哈雷所处的时代开始，死亡率一直受到人们的极大关注，但现在越来越流行讨论存活率，尽管这些概率可能具有误导性。当今，获得这些概率的真实值比以往任何时候都更重要。因为政府可以通过对某个被选定的治疗方法投资来挽救人们的生命，从而改变死亡率。由于资金有限，政府必须选择最好的治疗方法来投资，“最好的”可以指最高的存活率，也可以指最低的死亡率。

如何应用?

死亡率与存活率

特定疾病的死亡率指的是一年内死于特定疾病的人口百分比。例如，美国肺癌患者的死亡率为 0.0534%，通常表示每 100000 人中有 53.4 人死亡。存活率指的是患有特定疾病的人在诊断后继续存活一定年数（通常是 5 年）的百分比。美国肺癌患者的 5 年存活率为 15.6%。如果找到治愈疾病的方法，或者找到延长患有这种疾病的人寿命的方法，那么存活率就会上升，死亡率就会下降。

话虽如此，但我们都知道有许多疾病是无法治愈的。假设有一种疾病叫作 ABC 病，每天它在地球上的某个地方“杀死”大约 200 人（每年大约有 73000 人死亡）。这意味着 ABC 病每年“杀死”100000 人中的 1 人（按全球人口大约 80 亿计算），即死亡率为 0.001%。如果患者在首次出现症状后的 3 年内死亡，则意味着该疾病的 5 年死亡率为 100%。通常情况下，现代医学可以在没有任何症状出现的很久之前就检测到不治之症的存在。如果人们开发了一种新的测试方法可以检测到 ABC 病，即在症状首次出现前 3 年就能检测到该疾病，那么 5 年死亡率将从 100% 变为 0（因为人们会在确诊后第 6 年死亡），但实际上在这个例子中，并没有挽救任何人的生命。虽然这是一个虚构的例子，但是实际上在诊断疾病方面取得的进展比治愈疾病的要多得多，而且因为政治家喜欢“好看的”数据，而早期诊断对存活率将会产生巨大的影响，所以他们更愿意在早期诊断上投入大量资金。当然，早期诊断通常也可以带来更好的治疗，但实际情况并非总是如此美好，所以重要的是要将有限的资金既用于研究新的治疗方法，也用于早期诊断。

参见:
▶ 生与死的问题，第32页
▶ 平均人，第96页

数据的形状

雅各布 · 伯努利

该设备被称为打豆机、高尔顿板或梅花盘，它用实物展示了数据的随机分布。

虽然卡尔达诺、费马、帕斯卡和惠更斯开发了许多统计方法，但他们只是将其用于研究概率游戏。而瑞士数学家雅各布 · 伯努利则在最大程度上扩展了这种强大的新型数学方法的应用范围。

伯努利（特指雅各布 · 伯努利）和他的弟弟约翰都是杰出的数学家（约翰的 3 个儿子和两个孙子也是）。如果伯努利和约翰听从父亲的话，这两位数学天才可能都会被埋没，他们的父亲认为他们应该做一些明智的事情，比如接管家族香料生意，或者成为牧师或医生。伯努利不情愿地在大学上了一些神学课程，但同时也在那里学习了数学和天文学。伯努利在 1676 年获得神学学位后，并没有回到家乡瑞士的巴塞尔，而是四处旅行，在法国、荷兰和英国结识了许多数学家。

巴塞尔大学由教皇庇护二世（又译为皮埃二世）于1459年批准创立，是世界上最古老的大学之一。

约翰vs伯努利

1683 年，伯努利终于回到家乡，在巴塞尔大学教授数学和物理；1687 年，他成为那里的数学教授。他的座右铭是一句来自古希腊太阳神之子法厄同［法厄同不听父亲的嘱咐，因而驾驶太阳车（也称金车）时马不受他的控制，导致地球几乎被烧毁］的话，即“Invito patre sidera verso”，意思是“尽管有我父亲的存在，但我仍能遨游群星之间”。与此同时，伯努利的弟弟约翰一边在做他父亲想让他做的事——在巴塞尔大学学习医学，一边也效仿他哥哥学习数学。兄弟俩后来合作发展了微积分——一种不久前由英国的牛顿和德国的戈特弗里德·莱布尼茨创立的强大的数学分支，可以用来研究变量。很快伯努利就将微积分应用于概率，但不久后他就和弟弟闹翻了。在接下来的几年里，约翰用啰唆、野心勃勃、贪婪、神秘、厌世、嫉妒、倨傲这些词描述伯努利。

伯努利和他的弟弟约翰在讨论几何问题。

约翰·伯努利

大数定律

当约翰还不曾与他的哥哥分道扬镳时，他正在努力解答一个简单而基本的问题：抛一枚硬币，它落地后很可能正面或反面朝上，这句话到底意味着什么？让我们想象一下，抛出一枚硬币，落地后它的正面朝上。这与抛出球后，球落到地上而不是升到天上去有什么不同呢？你可能会说，抛硬币只有 50% 的概率出现正面朝上的情况，但是球落下的概率是 100%，但你是如何得知的呢？当然，为了得出答案，你可以重复这个试验：先抛硬币，然后抛球。结果是球每次都会落下，但是抛出的硬币可能并不是每次都正面朝上。约翰了解到，解答这个问题的秘诀是重复试验不止一次或两次，而是许多次。事实上，当将上述情况以数学定律形式进行表述时，就是概率论中的大数定律（也称大数法则）。换句话说，它表示重复统计试验的次数越多，其结果就越接近预期概率。

现实世界

尽管如今这条定律的含义再明显不过，但在当时这是一个突破，因为它意

JACOBI BERNOULLI,
Profess. Basil. & utriusque Societ. Reg. Scientiar.
Gall. & Pruss. Sodal.
MATHEMATICI CELEBERRIMI,

ARS CONJECTANDI,
OPUS POSTHUMUM.
Accedit
TRACTATUS
DE SERIEBUS INFINITIS,
Et EPISTOLA Gallicè scripta
DE LUDO PILÆ
RETICULARIS.

BASILEÆ,
Impensis THURNISIORUM, Fratrum.
cIↄ Iↄcc xiii.

雅各布·伯努利对概率的研究成果均收录在他1713年出版的《猜度术》一书中。

味着统计学终于可以用于正确地处理现实世界的问题。这条定律不仅可以用于研究抛硬币问题，还可以用于所有随机事件，同样也可以被严格证明。但是证明该定律也是那时数学家所能做到的极限了，甚至即使是伯努利这种现在看来可能是他那个时代最伟大的数学家，也为此奋斗了 20 年之久。

问题很难，答案很简单

“如果你抛硬币，正面朝上的概率是多少？”这个问题很容易回答。“如果你抛两枚硬币，得到一枚正面朝上和另一枚反面朝上的概率是多少？”对于这个问题，最简单的解决方法还是卡尔达诺的方法：

1. 列出所有可能的结果（正正、正反、反反、反正）；

2. 数数共有几种结果（4 种）；

3. 从中挑出你需要的结果（正反、反正）；

4. 数数共有几种需要的结果（2 种）；

5. 得出结果占总数的比例，就是 2/4，也就是 1/2，或者说 0.5。

同样的方法也可以应用于更复杂的问题，例如：“抛 7 次硬币得到 5 次正面朝上的概率是多少？”或“掷 4 个骰子得到点数总数为 7 的概率是多少？”但解决的过程会变得越来越冗长。如果能找出某种方法来解决这些问题就好了。多亏了伯努利，还真让他找出这么一种方法！请参阅后面的内容。

概率分布表

与其探究不同结果出现的概率这种特定问题，不如一目了然地查看每种可能的结果。例如，如果我们热衷于掷骰子（因为许多人在思想上仍然处于伯努利的时代），那么列出所有可能的点数和获得该点数的概率可能会非常方便。对于两个骰子，可能的点数之和是 2~12（上下限数字均包含），并具有以下概率。

点数之和	出现的概率
2	1/36
3	2/36
4	3/36
5	4/36
6	5/36
7	6/36
8	5/36
9	4/36
10	3/36
11	2/36
12	1/36

这个完整的列表称为概率分布表。

二项分布

任何像抛硬币这样，只会有两种可能结果的事件的概率分布被称为二项分布［binomial distribution，“bi”在希腊语中的意思是“二”，例如 bifocal（眼镜）、biped（两足动物）、bicycle（自行车）这些词都有前缀“bi”］。对于任何这样的概率，我们可以使用二项分布公式计算，这个公式类似于我们之前用于计算组合的公式。

$$P(x)=\frac{n!}{(n-x)!x!}p^x q^{n-x}$$

式中：

$P(x)$ 是恰好有 x 次出现该结果（比如正面朝上）的概率；

n 是试验的次数（例如抛硬币的次数）；

p 是每次试验出现该结果的概率（对于抛硬币，也就是出现正面朝上的概率，即 0.5）；

q 是未出现该结果的概率（对于抛硬币，也就是出现反面朝上的概率，即 0.5）。

如果抛硬币一次，我们可以通过计算出现一次正面朝上的概率来检查这个公式是否有效：

$$P(1)=\frac{1!}{(1-1)!1!}\times 0.5^1\times 0.5^{1-1}=0.5$$

这确实和我们所期望的结果相符。如果我们抛硬币 6 次，你认为出现 3 次正面朝上的概率是多少？是 0.5 吗？二项分布公式告诉我们，是

$$P(3)=\frac{6!}{(6-3)!3!}\times 0.5^3\times 0.5^{6-3}=0.3125$$

在 6 次抛掷中至少有 4 次正面朝上的概率是多少呢？还是 0.5 吗？为了获得答案，我们计算了出现 4 次正面朝上的概率：

$$P(4)=\frac{6!}{(6-4)!4!}\times 0.5^4\times 0.5^{6-4}=0.234375$$

出现 5 次正面朝上的概率：

$$P(5)=\frac{6!}{(6-5)!5!}\times 0.5^5\times 0.5^{6-5}=0.09375$$

出现 6 次正面朝上的概率：

$$P(6)=\frac{6!}{(6-6)!6!}\times 0.5^6\times 0.5^{6-6}=0.015625$$

绘制分布图

为了更清楚地表示，我们还可以列出每种可能的结果（例如掷两个骰子得到的点数之和为5）。先把两个骰子的点数加在一起，再检查是否包含了所有的可能。

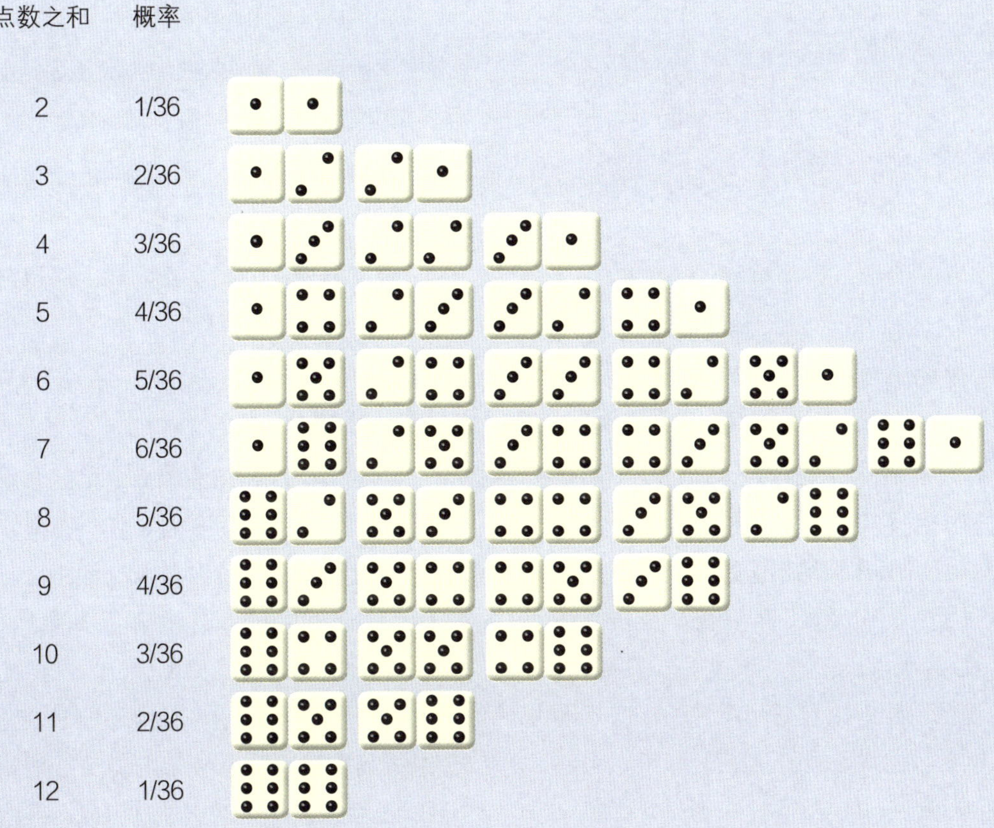

抛硬币

如果抛两枚硬币，可能出现的结果是正反、正正、反反或反正。因此，从两次抛掷中获得一次正面朝上的概率是 2/4，即 0.5。类似地，两次抛掷中得到两次正面朝上的概率，等于未出现正面朝上的概率，是 0.25。我们可以如下图这样描述这些结果。

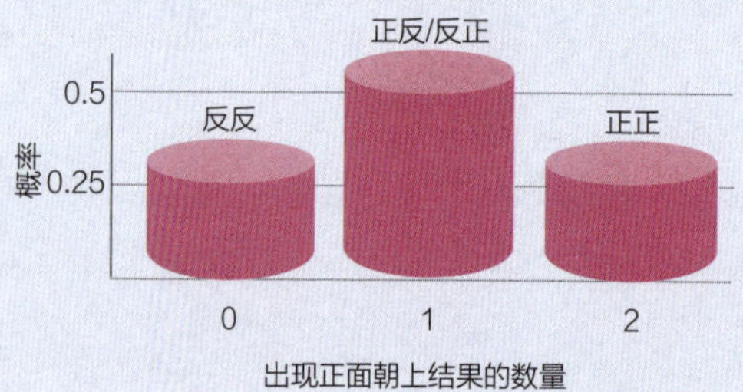

如果我们想探索抛更多枚的硬币时会发生什么，那么我们很快就会厌倦于列出和计算全部的结果。抛一枚硬币可得出两种可能的结果（正、反），抛两枚硬币可得出 4 种结果。而抛 3 枚硬币则可得出 8 种结果（正正正、正正反、正反反、正反正、反正正、反正反、反反正、反反反），抛 4 枚可得出 16 种结果。这些结果的数量是计算 2 的 n 次方得出的，其中 n 是硬币的数量。

更快的方法

因此，抛 5 枚硬币的结果数量为 $2\times2\times2\times2\times2=32$，也可以写成 2^5。抛 20 枚硬币可得到 2^{20}，即 1048576 种可能的结果。幸运的是，有一种更快的方法——使用更简单的二项分布公式（这个公式形式更简单，因为出现正面朝上或反面朝上的概率是相等的，所以我们可以省略二项分布公式中 $p^x q^{n-x}$ 这部分）。

抛 n 枚硬币得到 m 次正面朝上结果的数量等于：

$$\frac{n!}{m!(n-m)!}$$

我们可以用抛两枚硬币的例子检验本公式是否有效。两次抛掷都没有正面朝上的结果的数量 $=\frac{2!}{0!(2-0)!}=\frac{2}{2}=1$。

两次抛掷出现一次正面朝上结果的数量 $=\frac{2!}{1!(2-1)!}=\frac{2}{1}=2$。

两次抛掷出现两次正面朝上结果的数量 $=\frac{2!}{2!(2-2)!}=\frac{2}{2}=1$。

从数量到概率

要将这些出现正面朝上结果的数量转换为概率，我们只需要记住，抛两枚硬币，只可能得到 4 种结果，即正正、反反、正反和反正，这意味着只有 3 种情况，即出现 0 次正面朝上、一次正面朝上或两次正面朝上，并且还要记住，这也意味着概率总和为 1。所以，我们将出现正面朝上结果的数量除以 4，得出它们各自的概率，并检查它们加起来是否为 1。我们得到：4 种结果中出现一次正面朝上的概率为 2/4 或 0.5；4 种结果中出现两次正面朝上的概率为 1/4 或 0.25；4 种结果中出现 0 次正面朝上的概率为 1/4 或 0.25。

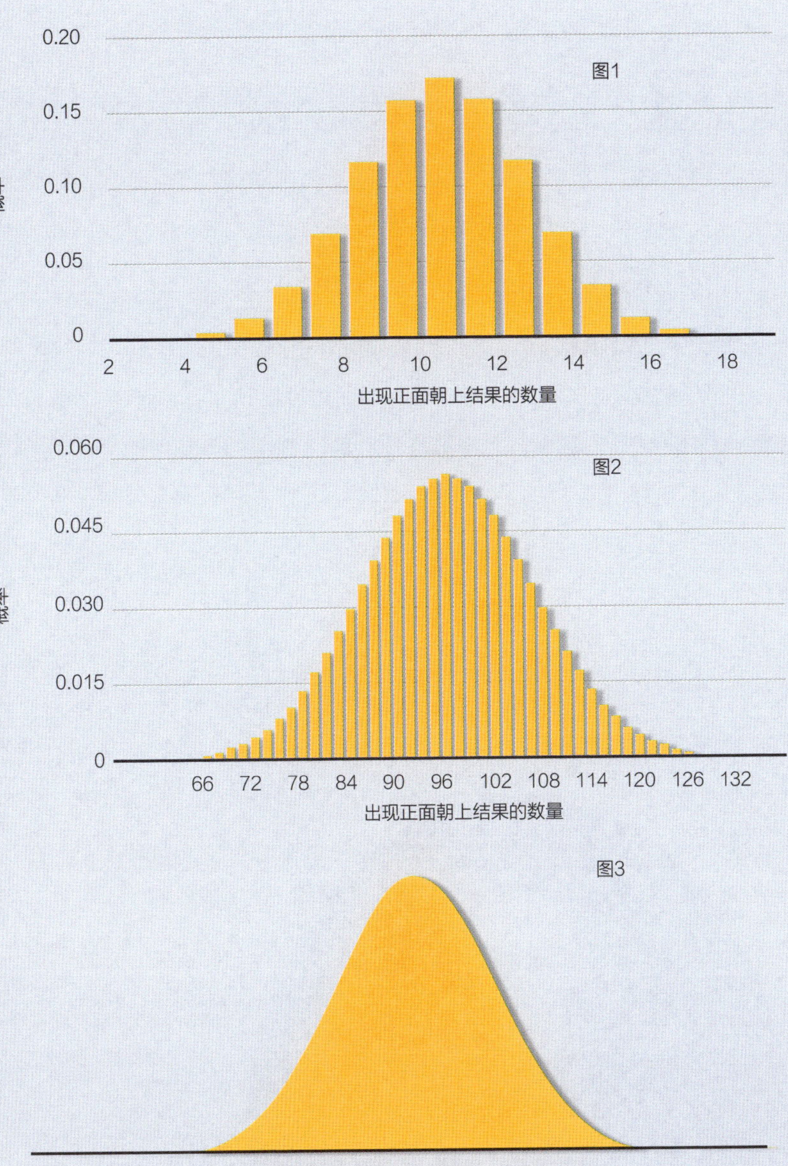

这些概率加起来确实为1。现在我们已经验证了公式是有效的，所以，可以用它来继续探索抛更多枚硬币时会发生什么。如果我们抛20枚硬币，并计算、绘制出现1、2、3……直至20次正面朝上结果的概率，我们能得到图1。对于掷200枚硬币的情况，得到的图形看起来像图2。如果硬币数量庞大，我们将得到一个具有图3所示轮廓的图形。每当我们处理只有两种可能结果（例如成功或失败、赢或输、正面或反面等）的随机情况时，我们都会得到与上述例子相同的结果。这些结果中的数据分布模式即二项分布。

参见：
▶ 正态分布，第46页
▶ 视觉统计学，第64页

正态分布

通常有两种方法可以用来收集数据：一种是计数，例如概率游戏中的概率、某批次产品中出现故障的产品数量或某家庭中孩子的数量；另一种是测量，例如测量蛋糕的质量或测量人的血压。

可以被计数的量称为离散变量；可以被测量的量称为连续变量。二项分布用于离散变量。在许多情况下，当对连续变量进行统计时，其数据会出现与二项分布相似但不完全相同的特定形状的分布，被称为正态分布（或称作贝尔曲线，在卡尔·高斯对其进行了详细研究之后，便被称作高斯分布）。

正常的蛋糕

假设你有一台蛋糕机，它能自动为每块蛋糕称重。你可能会得到如下结果（以盎司为单位，1盎司≈28.35克）：10、12、11、10、13、12、14、12。

亚伯拉罕·棣美弗（又译为亚伯拉罕·棣莫弗），正态分布的发现者。

首先我们把这些质量按从小到大的顺序排列：

10、10、11、12、12、12、13、14。

然后数数每种质量的蛋糕有几块：10 盎司的蛋糕有 2 块，11 盎司的蛋糕有 1 块，12 盎司的蛋糕有 3 块，13 盎司的蛋糕有 1 块，14 盎司的蛋糕有 1 块。

最后我们可以凭此数据绘制一张图，横轴为每块蛋糕的质量，纵轴为每种质量蛋糕的数量。此时只有 8 个数据，所以信息量不会很大，但是如果继续称重、排序和计数，直到处理了 1000 块蛋糕，我们可能会得到一条红色曲线，即右栏上图中的“曲线 1”。以蓝色显示的曲线是红色曲线的理想状态，即正态分布曲线。假如我们想要找出在 1000 块蛋糕中，有多少块重 10 盎司，那么只需从横坐标的 10 处向上画一条垂线，看看它与曲线的交点，然后从那里画一条水平线与纵轴相交，在与纵轴相交的交点那里你会发现，这种质量的蛋糕大约有 15 块。

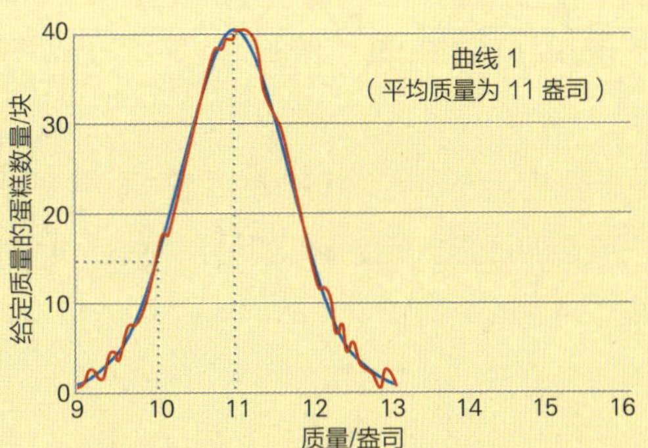

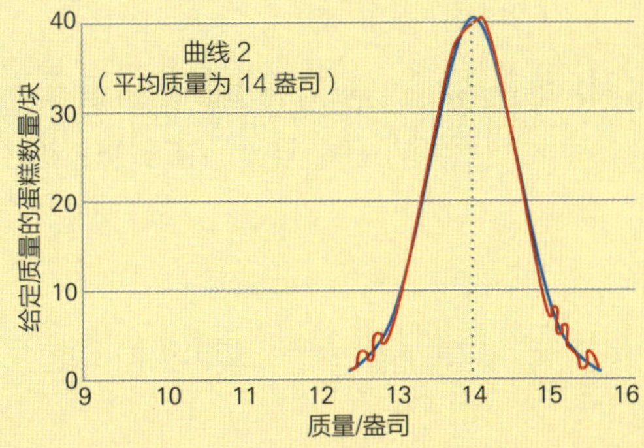

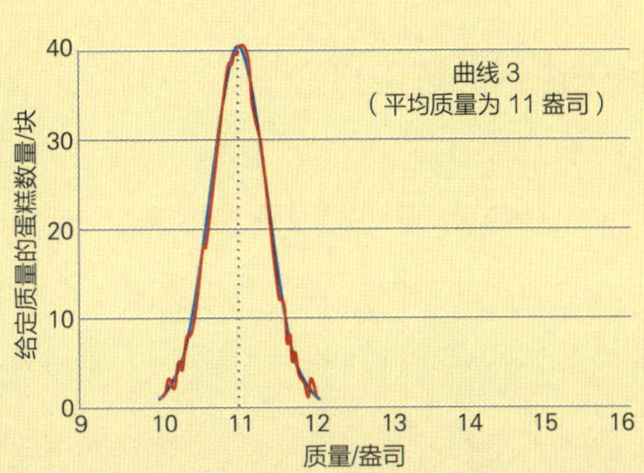

在这3张图中，3组蛋糕数据具有相同的曲线形态。

平均值的局限性

为什么需要这样一张分布图呢？假设你是蛋糕店的店员，就需要向顾客说明每块蛋糕的质量。可能你知道的是 1000 块蛋糕总共重 700 磅（1 磅 ≈ 453.59 克），但仅仅这样告诉你的顾客，说每块蛋糕的平均质量为 700/1000=0.7 磅 ≈ 11 盎司，这可不行！因为如果有人买了一块只有 9 盎司重的蛋糕，他可能就会不高兴，即使你向他们解释“11 盎司只是蛋糕质量的平均值，而平均值并不是总能表示每块蛋糕的真实情况”。但他们可能会说“不管你怎么说，反正我觉得你这生意做得挺卑鄙的”。

基于数据的解决方案

有几种方法可以解决这个问题。你可以将每块蛋糕的平均质量增加到 14 盎司，这将使正态分布曲线向右移动，如

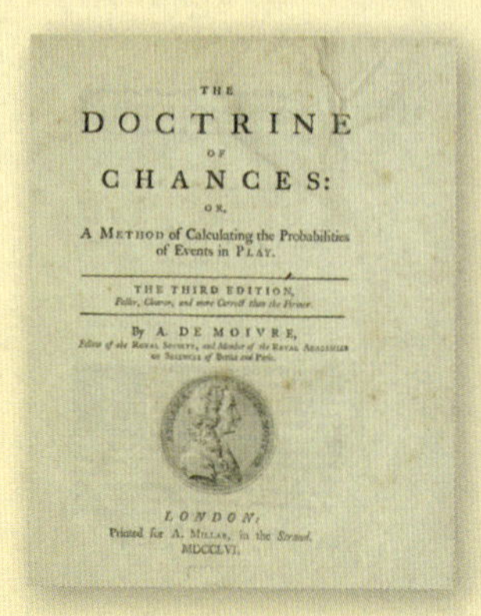
THE

DOCTRINE

OF

CHANCES:

OR,

A METHOD of Calculating the Probabilities of Events in PLAY.

THE THIRD EDITION,

By A. DE MOIVRE,

LONDON:

Printed for A. MILLAR, in the Strand.

MDCCLVI.

棣美弗所著的《机会的学说》（又译为《机遇论》），于 1718年首次出版。

上页的“曲线 2”所示。你也可以说每块蛋糕的质量“至少 12 盎司”。还可使用的方法是利用图表提供的信息来改进操作，比如，也许你可以通过调整机器来制作尺寸更相近的蛋糕。当完成此操作并重复称重和绘图的过程后，将获得峰形更窄、更锐利的曲线，即一种更像上页的“曲线 3”的正态分布曲线。在以上提到的每种情况下，图中蓝线是最接近相应数据的正态分布曲线的曲线。这里的重点是这种数据分布仍被视为正

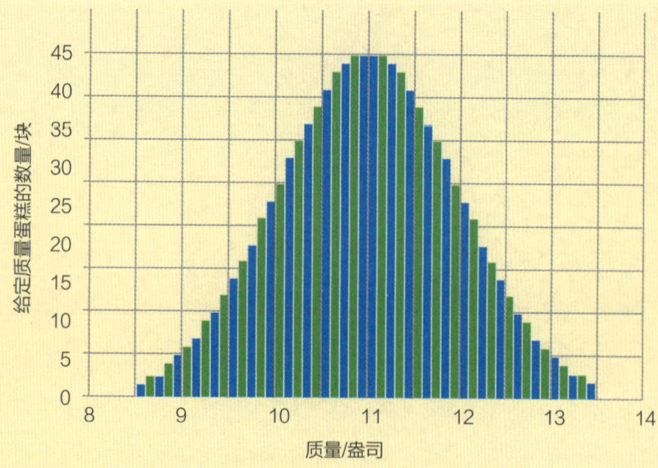

表示给定质量蛋糕数量的图以条形图的形式呈现。

撤销南特敕令的法案是1685年法国通过的一项宗教法案。它增加了棣美弗被处死的概率，所以他永远离开了法国。

态分布曲线，尽管它可能被拉伸或挤压了。（定义正态分布曲线宽度的方法将在后文介绍。）

概率

上述示例意味着曲线图或条形图包围的区域实际上是概率，反过来这意味着，正态分布图可用于计算概率。

下图显示了正态分布图是如何发挥作用的。所有服从正态分布的大型数据集中，都有68.2%的数据会落在蓝色区域内。因此，当我们将此结论应用于蛋糕数据时，可以求得1000块蛋糕中约有682块的质量为10~12盎司。

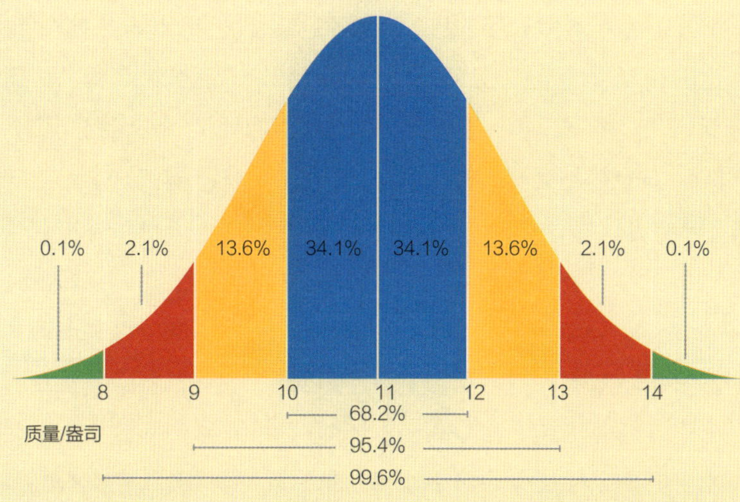

数学的流亡

正态分布是由 1667 年出生于法国的亚伯拉罕 · 棣美弗发现的。他的童年和青年时期大部分时间都在学习数学。首先，他通过阅读（有人说是偷偷阅读）数学图书，包括惠更斯的关于概率游戏的书自学数学知识。1684 年，棣美弗终于开始学习正规的数学和物理课程。

艾萨克 · 牛顿和他的《自然哲学的数学原理》。

宗教的差异

棣美弗是一个新教徒，而当时的法国是一个天主教国家，说得直白一点儿，就是法国强烈排斥新教徒。但在他成长的过程中，“新教徒”的身份并没有给他带来什么麻烦，这多亏了南特敕令，该敕令自 1598 年通过以来，一直保持对新教徒的宽容。这项敕令结束了在此之前肆虐了几个世纪的宗教斗争。但随后，在 1685 年 10 月 18 日，国王路易十四撤销了该敕令。当局对新教徒的仇恨意味着许多人被监禁了——包括当时只有 18 岁的棣美弗。1688 年（一说 1685 年）获释后，他便逃到英国伦敦，再也没有回过法国。

和牛顿一起玩

棣美弗到达英国后做的第一件事，就是阅读数学图书，他很快就开始阅读牛顿的《自然哲学的数学原理》。这不是一本容易读懂的书，事实上，也许当牛顿在街上偶遇某个学生时，这个学生可能会喃喃自语道：“就是迎面走来的这个人，他写了一本自己和其他人都看不懂的书。”如此读物，却给棣美弗带来了他最喜欢的那种令人愉悦的阅读体验。当时他是一名数学老师。他还剪下牛顿这本书的几页，讲课的间隙，在学生的座位之间来回溜达时学习（现在绝对不推荐这样做：《自然哲学的数学原理》第一版的价值约为 3000000 美元）。后来，棣美弗成了这本书的专家，和牛顿也成了好朋友，以至于当人们缠着牛顿让他解释其中的数学知识时，牛顿会推诿：“问棣美弗先生去吧，他比我还了解呢！”

中心极限定理

当数据服从正态分布时，数据的平均值在中间，所以你需要做的就是收集足够的数据（至少 30 个）并取平均值，就足以证明你通过选取的样本计算的平均值接近实际总体的平均值。但是，如果你想找到一些不服从正态分布的数据的平均值，比如这里列举的房价，又该怎么办呢？

如果在每种情况下都随机抽取样本，样本的平均值会与真实的平均值大致相同吗？多亏了棣美弗我们才知道这个问题的答案：会。他证明了中心极限定理。该定理表明，即使总体数据本身并不服从正态分布，但从总体数据中随机抽取的样本数据也会服从正态分布。

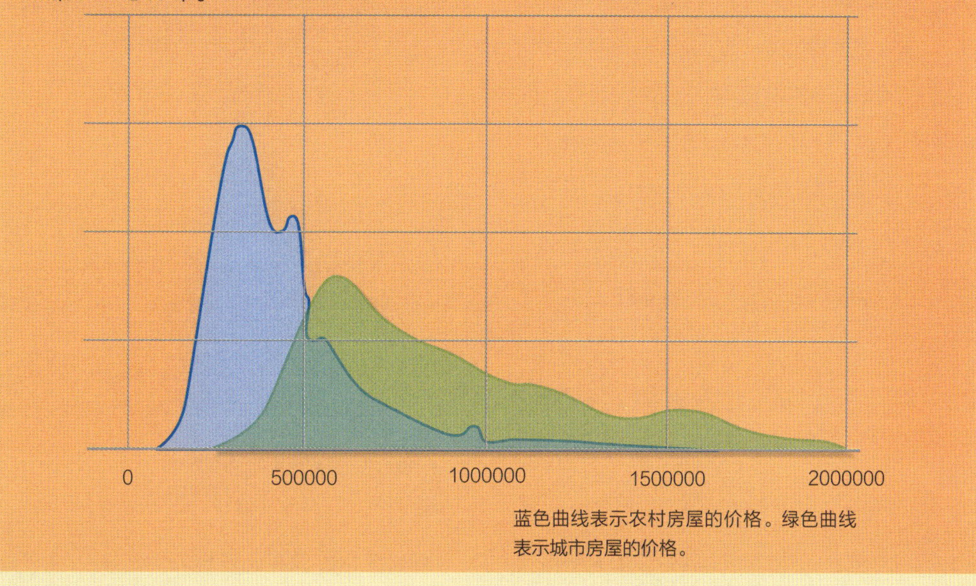

蓝色曲线表示农村房屋的价格。绿色曲线表示城市房屋的价格。

好好睡一觉

根据一些传记作者的说法，棣美弗和卡尔达诺一样，成功地预测了自己的死亡日期。他的方法比卡尔达诺的更科学，因为他是使用数学而不是使用占星术来预测的。他发现他每晚都会多睡 15 分钟，并以此计算出他将在 1754 年 11 月 27 日睡 24 小时。果然，在那天之后他再也没有醒来。

参见：
► 泊松分布，第100页
► 非参数统计，第140页

贝叶斯的惊人定理

托马斯·贝叶斯牧师创立了贝叶斯统计理论，在概率论方面也有重要贡献。

人类的统计思维不会自然而然地出现，而且我们发现，涉及概率的概念尤其难以理解。如果医生说你有 40% 的概率会生病，这是个好消息还是坏消息？如果火车 A 的事故发生率为百万分之一，而火车 B 的为千分之一，你会花 10 倍于火车 B 的票钱乘坐火车 A 吗？

当事件与概率联系在一起时，处理起来就变得更加棘手，特别是涉及医学的诊断和治疗时，这类问题就会成为一类特殊问题。通常，医学检查只能表明患者可能患有某种特定的疾病。除此之外，治疗效果有不确定性。如果一种非常昂贵的药物与比它更便宜的药物相比，有效的概率仅略高一点，那么是否应该使用呢？还是使用具有高副作用风险的强效药物？或是只用过几次的新药？用于解决此类问题的统计方法称为贝叶斯定理。

戴维·休谟在他1748年出版的著作《人类理解研究》（又译为《人类理智研究》）中对奇迹违背自然法则的概率，以及自然法则的真实性进行了评估。

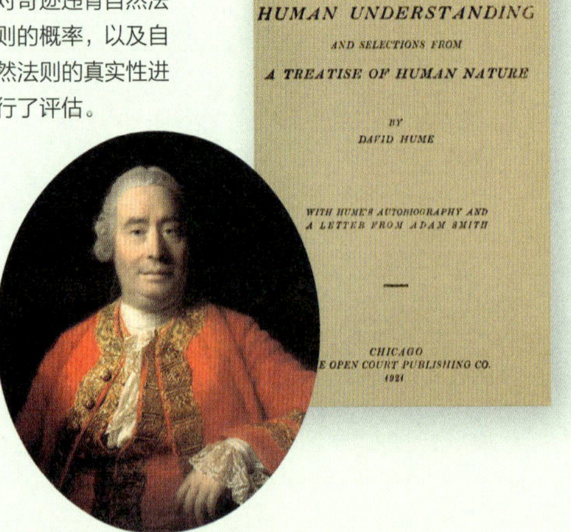

AN ENQUIRY
CONCERNING
HUMAN UNDERSTANDING
AND SELECTIONS FROM
A TREATISE OF HUMAN NATURE
BY
DAVID HUME
WITH HUME'S AUTOBIOGRAPHY AND
A LETTER FROM ADAM SMITH
CHICAGO
THE OPEN COURT PUBLISHING CO.
1921

好消息还是坏消息

现在来想象一下，有一种新的疾病，全世界有 1500 万人（假设全世界有 75 亿人，那么 1500 万人占全世界人口的 0.2%）正在遭受这种疾病的折磨，而且每个国家都不断出现新的病例。虽然可以通过测试来确诊，但测试结果并不完全可靠。如果有人患病，那么测试结果有 99% 的概率会是阳性（并且有 1% 的概率会错误地给出阴性的结果，这被称为“假阴性”）。另外，有时即便没生病也可能得到阳性结果，即“假阳性”，有 5% 的概率出现。

真阳性：如果某人患病，他有 99% 的概率得到阳性测试结果。

假阴性：如果某人患病，他有 1% 的概率得到阴性测试结果。

假阳性：如果某人没有患病，他有 5% 的概率得到阳性测试结果。

真阴性：如果某人没有患病，他有 95% 的概率得到阴性测试结果。

那么，如果 A 做了测试，结果是阳性，他患病的概率有多大？

在证明之前

在知道测试结果之前，我们从 A 患病的概率开始推理。和其他人一样，A 患病的概率只有 0.2%。接下来，我们计算出 A 的测试结果（或其他人的测试结果）呈阳性的概率。有两种可能情况：

1. A 患病并得到了真的阳性测试结果，概率为 0.2% ×99%，即 0.198%；

2. A 没有患病，只是得到了假阳性的测试结果，概率为 99.8% × 5%，即 4.99%。

我们将两种情况的概率相加，结果为 5.188%，这就是 A 得到阳性测试结果的概率。

“我是说，快看看这个！这个概率有多大？”

1966年，图中这颗氢弹在一次空中事故中失踪，于80天后被发现，搜寻过程中用到了贝叶斯定理。

在证明之后

现在，我们已知 A 做过测试，结果是阳性。这一已知的事实是如何影响概率的计算的？现在我们要计算的是根据不同已知条件变化而变化的概率，我们需要一个新的符号——“|”。“|”的意思大致是“假定的某一条件”。例如，假定 A 的测试结果为阳性（Y），那么 A 患病这一事件（X）发生的概率（P）可以写成 $P(X|Y)$ 的形式。这就是我们要计算的。目前我们所知道的信息与上述例子相反：假定 A 确实患有这种疾病，则 A 的测试结果为阳性的概率此时写作 $P(Y|X)$，其值为 99%。我们还知道 $P(X)$，即 A 患病的概率为 0.2%。而 A（或其他人）的测试结果为阳性的概率 $P(Y)$ 为 5.188%。

计算 $P(X|Y)$ 的公式为

$$P(X|Y)=P(Y|X)\times\frac{P(X)}{P(Y)}$$

代入已知的值：

$$P(X|Y)=99\%\times\frac{0.2\%}{5.188\%}$$

在进行概率计算时，使用分数或小数比使用百分数更易于计算。

因此，我们可以将上式重写为

$$P(X|Y)=0.99\times\frac{0.002}{0.05188}\times 100\%\approx 3.8165\%$$

因为 A 的测试结果呈阳性，所以 A 患病的概率从 A 接受测试之前的 0.2% 增加到现在的 3.8165%。也就是说，A 很可能还没有患病！正因为如此，医生很少依靠单一的测试来诊断某人是否患有严重且罕见的疾病。当概率发生变化时，这些变化的概率就被称为条件。公式中的初始概率称为“先验概率”，计算后的概率称为“后验概率”。

有用但未被使用

左栏计算 $P(X|Y)$ 的公式被称为贝叶斯公式，它的名字来自贝叶斯，他在 18 世纪 40 年代研究了类似的东西，试图证明上帝的存在和他所创造的奇迹。除此之外，贝叶斯似乎对数学没什么兴趣。他对概率论持审慎态度，因为它与赌博有着密切的联系。几十年后，皮埃尔·西蒙·拉普拉斯重新设计了上述公式——但几乎没有做什么改动。（拉普拉斯也讨厌赌博。）

如何应用？

一种可视化的方法

患病与测试成功之间的关系可以这样表示：蓝色大方块表示世界人口数（75 亿），中间黄色方块表示测试结果为阳性的人数（3.89 亿），最小的方块（绿色区域和红线组成的方块）表示患病人数（约 1500 万）。红线表示患病但测试结果为阴性的人数，即 218000 人。绿色区域表示测试结果呈阳性并患病的人数，即 1470 万。与中间的黄色方块相比，这个绿色小方块的微小尺寸表明测试结果为阳性的人中实际患病的概率很低。

想赶上一个“白色圣诞节”吗？
贝叶斯定理是能让你做出正确预测的最佳选择。

先验问题

在应用之初，统计学家普遍不喜欢贝叶斯定理，因为这个定理中的先验概率存在问题。想要知道“白色圣诞节”[1]的出现概率，一种最容易想到的方法就是查看以往的天气记录，获知过去“白色圣诞节”出现的频率。在用贝叶斯公式进行计算时，可以放心地采用该数据作为先验概率（或许也可以查看全球温度变化影响此概率的方式）。但是涉及人类登陆火星的概率呢？虽然过去这种情况发生的概率为 0，可如果将该值代入贝叶斯公式，预测结果将显示人类永

火星人知道贝叶斯定理的概率有多大？他们怎么称呼这个定理的？

对现实世界的影响

即使在人们明白了概率远不止可以帮助赌徒赢钱后，贝叶斯定理仍然被忽视。但是渐渐地，越来越多的人意识到现实世界中的问题往往涉及条件概率，于是开始使用该定理，例如用它来预测核事故，帮助寻找丢失的船只、飞机和核弹头。不仅保险公司依赖它，垃圾邮件过滤器和搜索引擎也依赖它。

[1] 译者注：如果圣诞节当天下雪，那么就叫“白色圣诞节”。

上帝啊，什么是概率？

贝叶斯的统计调查论文《机会的学说概论》于 1763 年发表，他参考了棣美弗的书。论文研究的是逆概率。贝叶斯通过一个自己感兴趣的特定的例子来阐释逆概率：他想用宇宙的存在来证明上帝的存在。（这个观点在哲学和神学中有着悠久的历史，归属于宇宙论。）如果这可以被证明，那么它可以改写为一个概率陈述："鉴于宇宙存在（U），上帝存在（G）的概率是 100%"，用符号表达则是 $P(G|U)=1$。贝叶斯的思考从逆概率开始，这与贝叶斯定理的条件概率密切相关。由于上帝被定义为宇宙的创造者，如果上帝存在，宇宙存在的概率是 100%，即 $P(U|G)=1$。问题是，能否根据 $P(U|G)=1$ 证明 $P(G|U)=1$？答案是否定的。

远不会登陆火星。但这显然不对，宇航员有望在本世纪登陆火星。

没问题

喜欢贝叶斯定理的人对此并不担心。他们说概率比频率更重要，因为我们可以用一个看似可靠的概率作为起点。例如，美国国家航空航天局（简称美国航天局）的工程师可以很容易地提出登陆火星的合理概率。由于贝叶斯定理的全部意义在于细化概率，因此即使是可疑的出发点也是可以接受的。那些不喜欢贝叶斯定理的人（他们被称为频率论者）会反驳说它的合理性似乎不够高。事实上，我们之所以需要概率，是因为我们自己不善于估计。虽然你曾经中没中彩票不是似是而非、尚未确定的问题，但这没能阻止你下次接着去买彩票（或者已经劝退你了）。然而经过几十年的研究，我们很明显地发现贝叶斯定理非常有用，通过它可以解决一些用其他任何方式都无法解决的问题。

参见：
▶ 在期待什么，第28页
▶ 相关性，第122页

概率之线

数学中充满了令人意想不到的联系，其中非常令人惊讶的是概率与圆之间的几何学联系。

想象有这样一张桌子，它的表面被一条条间隔 1 英寸（1 英寸 =2.54 厘米）的线分隔成数个区域。把一根 1 英寸长的针投掷在桌子上，它掉落后，要么它的一部分与一条线接触，要么不接触。继续投针，并记下它接触一条线的次数，称这个数为 *C*，并称总投掷次数为 *N*。继续投掷直到 *N*=1000，并计算 2*N*/*C* 的值，你会发现答案（近似）是圆的周长与其直径的比值，即 3.14159…，用希腊字母 π 表示。如果你觉得即便对于一位专注、敬业的数学家来说，把一根针投掷 1000 次也太多了，那你可得记住，发现这种奇怪的估算 π 的方法的乔治－路易 · 勒克莱尔（他更为人所熟知的名字是布丰）伯爵可是真的把一枚硬币抛掷了 4004 次，只是为了确认它确实在约一半的情况下正面朝上（他得到了 2028 次正面和 1976 次反面）。

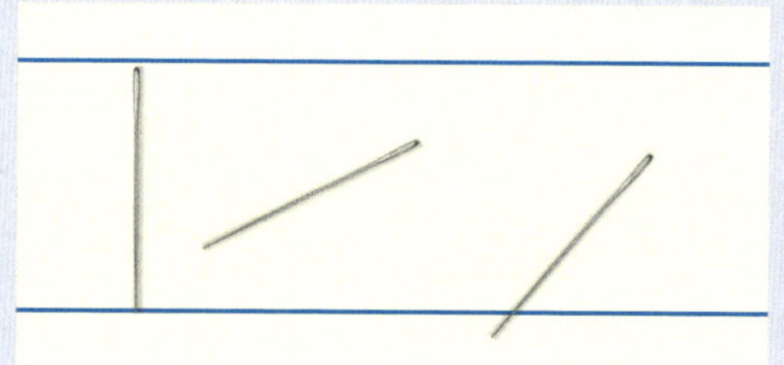

乔治 · 路易 · 勒克莱尔伯爵发现了 π 和概率之间的联系。

在逃跑途中

1728 年，布丰开始学习数学，当时他 21 岁。但在一次决斗后，他没有完成课程就离开了学校。细节无人知晓。他先去了法国的几个地方，然后去了意大利，并一直住在那里，直到他的母亲去世，他回家继承了家族财产。布丰喜欢数学，所以他余生都在研究数学。

布丰的《自然史》的英译本，1749年开始动笔，至1804年完成，共36卷（一说44卷，后期由助手完成）。

没有上帝的世界

在当时非同寻常的是，布丰试图通过纯粹的科学理论来解释宇宙和生命的起源，但这些理论里没有给上帝留任何位置。他是最早提出下面这些理论的人之一：生命是由化学物质构成的；人类是动物，动物有思想和感情；太阳系是通过自然过程形成的。尽管他每个都说对了，但证明这些理论的数据和科学理论在他死后几十年都没有被发现。1749年，布丰着手撰写他对生命、宇宙和几乎所有其他事物的描述。他意识到自己已经没有时间可以浪费了，便决定每天都早起——夏天5点钟起床，冬天6点钟起床。布丰指示贴身男仆约瑟夫监督自己，如果布丰被他成功叫醒了，会额外付钱给他。遗憾的是，布丰总是睡得很沉，所以约瑟夫有时不得不把他从床上拖到地板上。但有时即便如此也无济于事，于是约瑟夫就用一桶冰水把他的主人“唤醒”。

建立方程

在数学中，我们总是可以通过引入一个常数的方法，用等号代替比例符号∝或1/∝。例如，你走的时间（t）越长，走的距离（d）就越远。换句话说，步行距离与步行时间成正比，用符号表示，即$d \propto t$。现在，我们引入一个合适的常数。在上述情况下，常数是你的步行速度（设为v）。将比例式转化为等式有个好处：等式可以解答诸如“你在2小时内能走多远”这样的问题。如果你的步行速度是3英里/时（1英里≈1.61千米），代入等式可得出你走2小时的距离是3英里/时×2小时=6英里。

来自太阳的火

布丰考察、探究的不仅仅是宗教和神话，他不相信阿基米德通过聚焦阳光点燃了围攻他家乡（西西里岛上的锡拉库扎）的罗马船只的传说。所以，布丰买了168面镜子用来聚焦阳光，使之形成一道热射线，结果成功地点燃了150英尺（1英尺=30.48厘米）外的一堆木头！

面条概率

要想解释为什么布丰的投针实验中会出现π，最简单的方法是解决一个听起来更棘手的问题。想象一下，在一张横格纸上放着一根面条（煮熟的、有弹性的），假设面条可以是任意长度的。我们需要算出面条接触直线的次数。我们将此期望记为$E(A)$。如果面条有几

据说，阿基米德通过聚焦阳光点燃了入侵者的船只。

英尺长，它与线就会有很多交点，所以 $E(A)$ 一定很大。如果面条很短，很可能会落入两线之间的空隙中，这意味着 $E(A)$ 必然是 0。换句话说，面条越长，$E(A)$ 就越大。我们可以把它写成：

对于长度为 l 的面条，$E(A) \propto l$，或者，更简单地写成 $E(l) \propto l$。

要将这个面条期望表达式 $E(l) \propto l$ 变成等式，则需要插入一个常数：$E(l)=kl$。我们可以通过把面条变成一个圆来求出 k 的值，圆的直径（d）等于两条相邻的线之间的距离。

圆几乎总是会与线有两个交点。即 E(圆的周长)=2。圆的周长用其周长公式 $C=\pi d$ 表示，因此 E(圆的周长)=2 变为 $E(\pi d)=2$。将等式重排后，就得到了常数 $k = 2/(\pi d)$，把它代入之前的面条表达式中，式子就从 $E(l) \propto l$ 变成了 $E(l)=2/(\pi d)\times l$。此时就出现了 π。

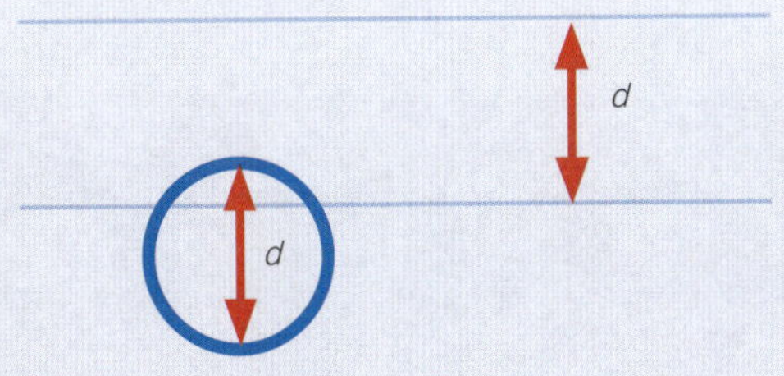

蒙特卡洛赌场吸引了赌徒和统计学家。

蒙特卡罗方法与爆炸问题

布丰的投针实验是蒙特卡罗（对应的城市名被译为蒙特卡洛）方法的一个应用实例。之所以这样称呼，是因为它类似轮盘赌[1]，和在蒙特卡洛——欧洲小国摩纳哥的主要城市——的赌场中的其他著名游戏一样，是一种概率游戏。1946 年，波兰数学家斯坦尼斯瓦夫·乌拉姆创造了这个名字，并明确定义了该方法，当时他正在参与研究美国的一个开发核反应堆的秘密项目。

[1] 编者注：轮盘赌在本书中仅作为介绍概率的案例。赌博不是游戏，而是生活的陷阱。选择健康生活，远离赌博。

乌拉姆向他的女儿展示操控MANIAC（Mathematical Analyzer Numerator Integrator And Computer，数学分析数字积分计算机）的方法。

中子问题

所有的核反应都取决于微小粒子（如中子、光子等）或原子核与原子核的相互作用。这里以中子为例。中子撞击放射性物质会引发后者裂变，裂变碎片的中子过剩，每个碎片会释放出2~3个瞬变中子和一定的能量，于是就产生稳定的中子流和大量的能量。这些能量可以用来发电。整个系统就是一个核反应堆。然而，如果每个中子都轰击出一个以上的新中子，就会进入一个失控的状态，很快就会将核反应堆变成一颗核弹！要想知道这种情况是否会发生，既要足够了解这些现有物质的混合物，也要解决一些非常棘手的计算问题。尽管乌拉姆和他的同事可以使用世界上第一台电子计算机之一——ENIAC

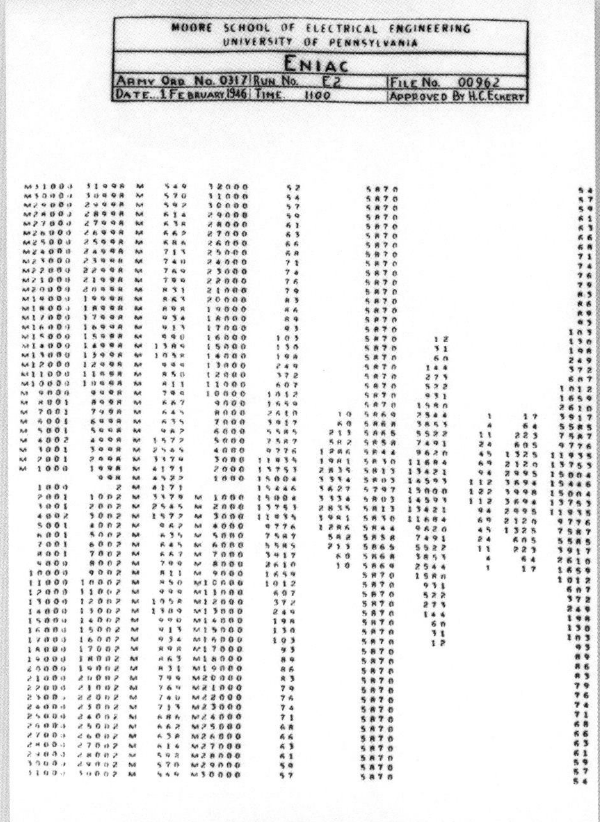

ENIAC（见对页下图）通过打孔卡片编程和输入数据，并以同样的方式输出结果。输出结果如上图所示。应用蒙特卡罗方法测算中子的随机运动时，每个中子都用一个打孔卡表示。

（Electronic Numerical Integrator And Computer，电子数字积分计算机），不久之后，ENIAC 升级成名为 FERMIAC 和 MANIAC 的设备，但相关的数学计算仍然是个很大的难题。

游戏启发了工作

乌拉姆喜欢玩纸牌游戏，有一天晚上，他开始思考如何计算赢得纸牌游戏的概率。就像前文讲到的中子核反应问题一样，如果他对自己摸到的纸牌组合有足够的了解，并且有足够的时间找出每一种输赢的组合，就可以算出赢的概率。后来他又想到另一种方法——多次重复游戏。虽然这需要的时间可能比计算的时间更长，但是简单得多。乌拉姆知道，这种简单但耗时的方法正是计算机擅长的：虽然 ENIAC 无法处理复杂的中子轰击出新中子的概率计算问题，但它可以轻松预测单个中子的随机运动。通过一遍又一遍地进行这类预测，并观察哪一次引发了核爆炸，就更容易估算出采用某个特定设计方案的核反应堆发生爆炸的概率。现如今，蒙特卡罗方法在核物理学家那里仍然备受青睐。

参见：
► 赔率，第14页
► 检验和试验，第160页

视觉统计学

今天，统计数据以各种图表的形式来展现似乎是很自然的事，不用图表的情况反而是难以想象的。然而，直到 19 世纪 20 年代，这种视觉辅助方法还罕见。

如今最有用的 3 种图是条形图（纵置时又称柱形图）、折线图和饼图，它们都是由同一个人——威廉 · 普莱费尔发明的。事实上，世界上第一张条形图和世界上第一张折线图是同时出现的。如对页上图所示，与许多现代统计图一样，时间沿着横轴从左到右“行进”。左侧纵轴上的标签和竖条表示伦敦小麦的价格，红色曲线和右侧纵轴上的标签表示工人的工资。

看不懂的图

像许多图一样，这张图旨在向看图的人解释某个特定的点，但遗憾的是，普莱费尔的初次尝试彻底失败了。

此图想表明的应该是，尽管小麦价格在一段时期内有所上涨，但工人的工资增长速度更快，因此他们的生活水平正在逐渐提高（至少在他们买得起的小

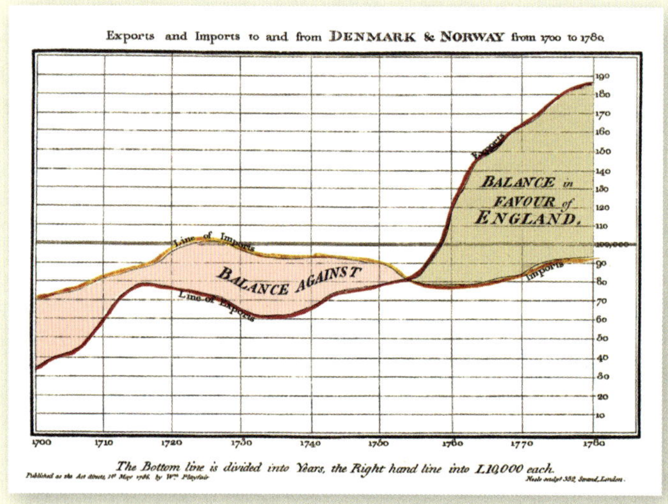

普莱费尔和他的贸易额与时间关系图，收录于他1786年的《商业与政治图解集》。

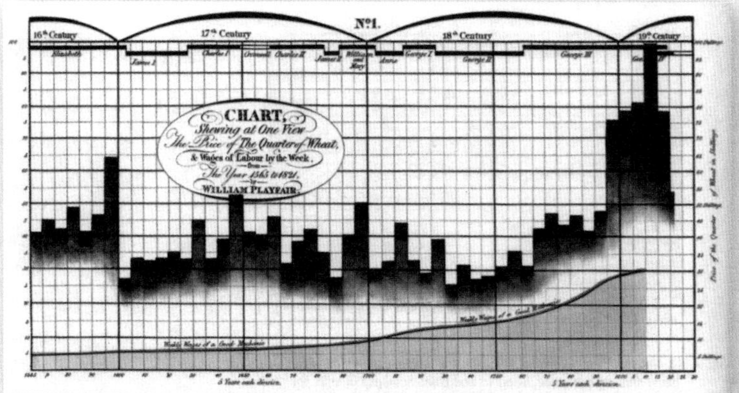

普莱费尔的开创性统计图：从1565年至1821年，按季度显示的小麦价格和每周劳动工资关系图。

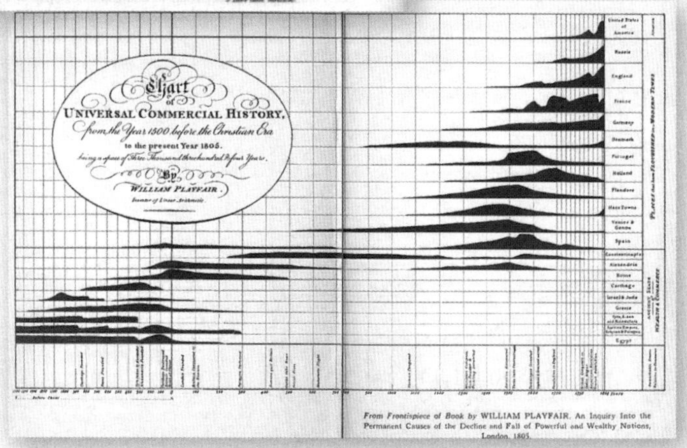

1805年的“全球商业史图”。

麦这方面是这样的）。但它表现得并不是很清楚。要说明这一点，更好的方法是利用其他类型的统计数据制图，比如购买一大袋小麦需要工人多少周的工资。

完美的制图方案

不过，普莱费尔绘制的一些图表是无法超越的。上页的双线图描绘了英国与丹麦和挪威的进出口总额与时间的关系。它非常清楚地显示了进出口总额之间的差异（即贸易差额）在这段时间内是如何从负变为正的，只采用了相关的数据，并且非常有效地使用了颜色。

一种新思路

为了使图表更具吸引力，普莱费尔甚至亲自给它们全都上了色。尽管普莱费尔将这些统计数据的新呈现方式公布在专门设计的图书中，但是当时很少有人采用。问题在于，尽管这一统计数据的呈现方式与赌博游戏或其他声名狼藉的事情毫无关系，但是普莱费尔本人的名声非常糟糕。尽管普莱费尔是发明家詹姆斯·瓦特的朋友，但是据说他是个敲诈者，还是个间谍，1793 年他甚至试图通过用假钞充斥市场来破坏法国经济（实际上造成了一些影响）。

一张很小的饼图

人们通常认为普莱费尔绘制了有史以来第一张饼图。实际上它隐藏在他的众多图表中，据此我们推测，他对这种图肯定并不是特别感兴趣。他用饼图来展示奥斯曼帝国曾经在非洲、亚洲和欧洲占领了多少土地。

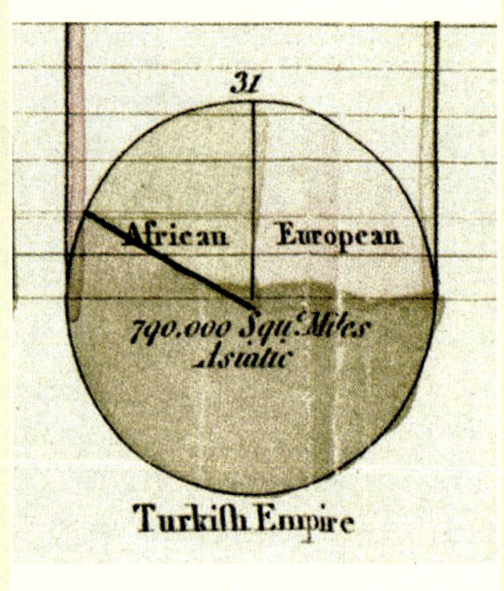

事实已然清晰

对于统计图表的历史来说非常幸运的是，之后提出一种功能强大的、用于呈现统计数据的新图形的人之一是弗洛伦丝 · 南丁格尔，她是那个时代（也是其他任何时代）最受爱戴和最知名的女性之一。在 1853—1856 年法国、英国及其盟国与俄国之间的战争（史称克里米亚战争）期间，她在克里米亚从事护士这一具有开创性的工作。当南丁格尔发现死于感染的士兵（部分原因是当时军事医院的卫生条件不佳）比死于战争的士兵多时，她决心让政治家和军事领导人认真对待这个问题——她使用了一种基于饼图的新统计图。南丁格尔后来（1858 年）成为伦敦统计学会的第一个女成员，她还主张设立统计学成就奖章，以纪念阿道夫 · 凯特尔。

参见：
▶ 数据的形状，第38页
▶ 测量置信度，第154页

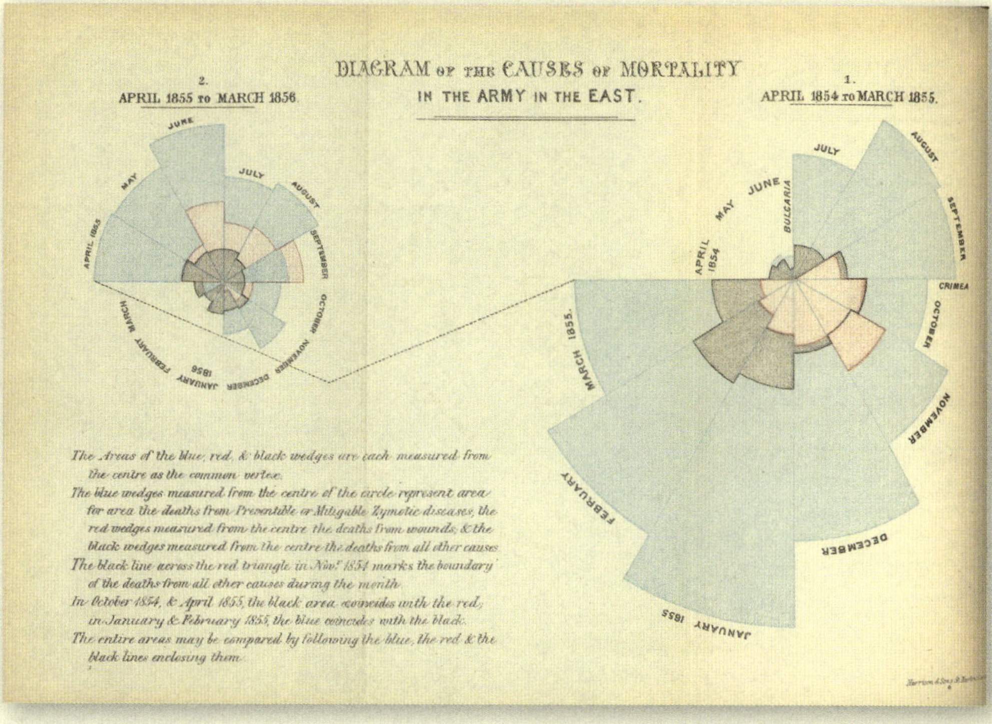

在南丁格尔绘制的图中，每个部分代表一个月。从中心到彩色区域边缘显示了死亡人数：粉红色表示战争造成的死亡人数，蓝色表示感染造成的死亡人数，灰色表示“其他原因”造成的死亡人数。由图可见，即使在战争最激烈的月份（1854年11月），其造成的死亡人数也只有感染造成的死亡人数的一半左右。

克里米亚战争期间，南丁格尔到来之前的军队医院病房。

数据分布度的度量

正态分布曲线展示了各种数据的排列方式。正态分布曲线随着数据类型的变化而变化，用一种通用的方式来描述它的宽度或者说分布度是很有用的。

卡尔·弗里德里希·高斯于1821年首次使用了标准差。

如果我们试图用一种通用的方式来描述正态分布曲线的宽度，有种方法是使用任意类型的数据制图，然后对制出的不同正态分布曲线进行比较。为此，我们可以引入一个新概念——“标准差”，用斜体希腊字母 σ（sigma，西格玛）表示。将 σ 引入正态分布曲线中，就可以创建一张被纵向分割的图，如对页上图所示。

科学中的σ

标准差是描述数据分布情况的最普遍的方式。标准差和平均值，是定义正态分布所需的全部数据。标准差常被用于科学研究。例如，在寻找新型亚原子粒子存在的证据时，粒子物理学家必须解决这样一个问题，即为什么他们的设备会出现各种随机的咔嗒声和闪光。然而，他们无法确定他们观测到的究竟是希望观测到的某种新粒子，还是只是异常明亮的随机闪光。通过考虑其他各种数据，他们可以得出“这是一种新粒子的概率为 1/99.73”的结论。这对应图中所示的 3σ，通常简称为“3σ 概率”。事实上，因为他们非常需要对结果的正确性有足够的信心，所以他们通常只会在确定这不是偶然情况时，才确信并宣布这是一个新的发现。当在 2013 年欧

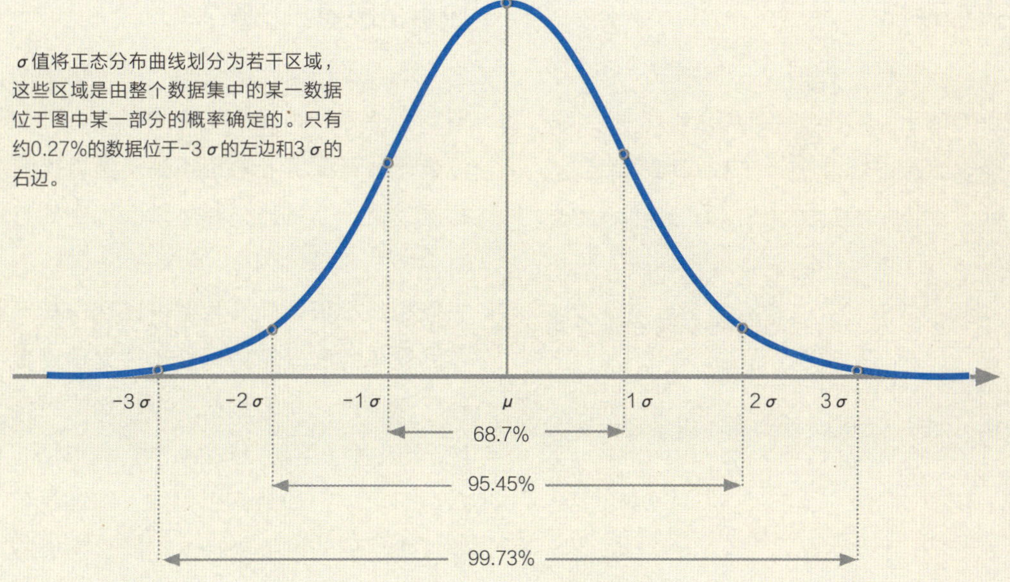

σ值将正态分布曲线划分为若干区域，这些区域是由整个数据集中的某一数据位于图中某一部分的概率确定的。只有约0.27%的数据位于-3σ的左边和3σ的右边。

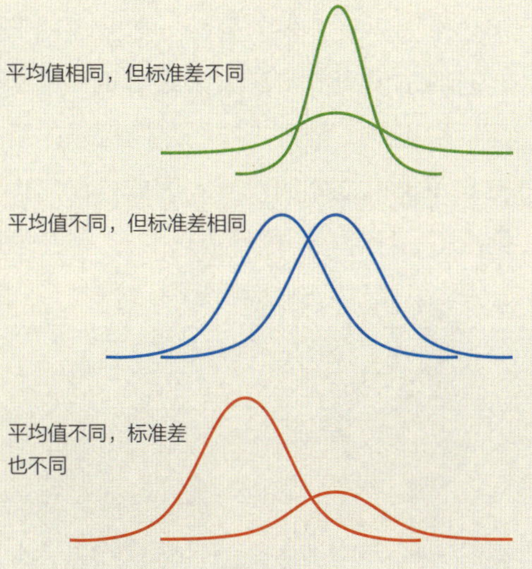

正态分布曲线之间的区别仅在于它们的平均值和标准差不同。

洲核子研究中心宣布发现奇怪的新粒子希格斯玻色子时，它得到了大约5σ级观测的支持。这相当于大约0.00003%的概率。也就是说，引起观测的随机闪光不是实际粒子的概率约为三百万分之一。

大型强子对撞机的先进探测器必须使用19世纪20年代开发的数学方法来验证结果。

高斯曲线

标准差于1821年由德国数学家高斯首次使用，但直到19世纪90年代才被命名（高斯称之为“平均误差”）。高斯是最伟大的数学家之一，他自己非常清楚这一事实。他甚至禁止他的儿子们成为数学家，因为他们的表现要是不如他，就可能会影响他的声誉，正如他所说，这可能会“玷污（或弄脏）这个姓氏”。

第二个 σ 符号和其他特殊符号

统计学家在表示总体平均值时，经常使用希腊字母 μ（发音为“miù”）。为了替代“样本平均值”这个说法，他们将其写作 $\overline{X}$。另一个有用的符号是希腊字母 Σ（这是 σ 的大写形式，所以也被称为“西格玛”）。它表示求所有项之和。我们可以用上述符号写出标准差的计算公式：

$$\sigma = \frac{\sqrt{\sum_{i=1}^{N}(X_i - \overline{X})^2}}{N}$$

用文字来表达的话，这个公式是这样：对于具有 N 项的一组数据，依次取每项的数值（用 X_1、X_2、X_3、X_4、…、X_N 表示），并用该值减去它们的平均值，然后对每个结果进行平方，把所有的平方结果加起来，除以 N，最后对上述结果求平方根。

应用范围更广泛吗？

正如平均值只是找到一组数据中间值的方法之一（其他的方法是众数和中位数），其实标准差也不是衡量数据分布度的唯一方法——除了前面提到的方差之外，还有极差，简单来说就是最大值和最小值的差。我们可以用这样一个问题来判断是使用标准差还是使用极差：你是否对一组数据的极端值比对其他值更重视/更感兴趣？如果你对淋浴间水温日复一日的变化感兴趣，则最高和最低水温值对于避免在淋浴时烫伤或冻伤尤为重要。但是，如果你是一个超市经理，你想知道你的水果供应商是否能够提供大小差不多的葡萄，那么你就不会对偶尔出现的个头太大或个头太小的葡萄感兴趣。你更关心的是所提供的所有葡萄大小之间的差异。因此，在这种情况下，标准差比极差更有用。

威廉·高斯（上图）被他优秀的父亲禁止学习数学，于是他成了密苏里州圣路易斯市的一名鞋商。尤金·高斯（右图）在密苏里州圣查尔斯市创办了一家银行，而约瑟夫·高斯则是德国的一名士兵和铁路工程师。

如何应用?

雪天的 σ 值

自1932年以来，气象学家一直在华盛顿山气象站收集雪天的数据。

要了解标准差的来源和计算方式，我们先来看一些真实数据。为了方便计算，我们只看 4 个数据，即使标准差通常用来计算更大的样本。新罕布什尔州的华盛顿山冬季降雪量很大。2000—2003 年，该地下雪天数分别为 108、106、128、130 天。为了求标准差，我们需要先求平均值。

$$\frac{108+106+128+130}{4}=118\text{（天）}$$

我们如何定义数据分布度？最简便的方法是计算每个数值与平均值的差值。此时这些差值为

2000 年：118−108=10（天）；

2001 年：118−106=12（天）；

2002 年：118−128=−10（天）；

2003 年：118−130=−12（天）。

然而，如果我们对这些差值求平均值，就会发现：

$$\frac{10+12+(-10)+(-12)}{4}=\frac{0}{4}=0\text{（天）}$$

事实上，无论我们用什么数值进行计算，我们都会发现它们与平均值的平均差值为 0。为了避免这种情况，我们通过在求平均值之前对它们进行平方来使所有值为正：

$$\frac{10^2+12^2+(-10)^2+(-12)^2}{4}=\frac{100+144+100+144}{4}=\frac{488}{4}=122\text{（天）}$$

122 这个结果被称为方差，有时直接被用来度量数据分布度。更多的时候，统计学家更愿意通过对方差求平方根来获得与差值更近似的数字。对于我们的数据而言，$\sqrt{122}\approx 11$。这就是标准差。虽然标准差经常用于服从正态分布的数据，但用于其他类型的数据也没有问题（在雪天的例子中，我们不知道数据是如何分布的）。但只有在数据服从正态分布的情况下，我们才能将标准差与概率联系起来。

无论天气如何，送餐的风险都比你想象的要大。

贝塞尔校正

在进行统计时，我们经常无法收集到我们感兴趣的事物的所有数据。鞋匠可能想知道世界上有多少人拥有 9 英尺（1 英尺 =30.48 厘米）的脚，但无法获得答案。因此，他不得不凑合使用抽样数据。例如，10000 人的鞋码样本可能就足够了。遗憾的是，在抽样数据中使用标准差时可能会出现问题，尤其是当样本数据量远小于总体数据量时。

假设全世界所有人的实际平均鞋码是 8.4（我们只关心数字，所以可忽略单位），我们抽取的样本中的鞋码是 8、8、8.5、9.5 和 10。通过平均值计算出的正确标准差是

$$\sigma=\sqrt{\frac{(8-8.4)^2+(8-8.4)^2+(8.5-8.4)^2+(9.5-8.4)^2+(10-8.4)^2}{5}}$$

$$\approx 0.906$$

但是，如果我们不知道实际平均值该怎么办？最好的办法就是将其用我们现有的数据计算出来，也就是

$$\frac{8+8+8.5+9.5+10}{5}=8.8$$

可问题是，如果我们把这个值代入计算标准差的公式中，将得到

弗里德里希 · 威廉 · 贝塞尔

$$\sigma=\sqrt{\frac{(8-8.8)^2+(8-8.8)^2+(8.5-8.8)^2+(9.5-8.8)^2+(10-8.8)^2}{5}}$$

$$\approx 0.812$$

实际上，每当我们被迫使用样本平均值而不是总体平均值时，我们得到的标准差总是比实际的标准差要小。1861年，数学家和天文学家弗里德里希 · 威廉 · 贝塞尔提出了一种纠正这种低估标准差的方法：不要把 5 个样本的差值平方之和除以 5，而是将其除以 4。然后我们会得到

$$\sigma=\sqrt{\frac{(8-8.8)^2+(8-8.8)^2+(8.5-8.8)^2+(9.5-8.8)^2+(10-8.8)^2}{4}}$$

$$\approx 0.908$$

校正并不总是像这样有效，但它通常会给出更接近正确结果的答案。如果有 6 项，则除以 5；一般来说，如果有 n 项，则除以（$n-1$）。

参见：
► 偏态，第132页
► 比较和对比，第146页

最小二乘法

书的质量和页数、城市面积和城市人口、发动机容积和功率，这些组合有什么共同点？某种回答可能是这样的：它们之间都具有大致成正比的关系。也就是说，如果一本书的质量、一个城市的面积，或者一台发动机的容积增加一倍，你可以预估这本书的页数、这个城市的人口，或者这台发动机的功率大致也会增加一倍，差不多就是这样。

如果认真学习了前面的内容，你就会知道我们可以通过引入一个常数，把一个比例关系变换成一个方程，所以我们可以将书的质量 ∝ 页数变换为书的质量 = k × 页数。在这种情况下，常数 k 就是书一页的质量。如果这个常数是 2，那么我们就得到书的质量 = 2 × 页数。这个方程对于出版商或装订商来说很有用，因为他们可以通过方程获知计划出版的书的质量。

摘自阿德里安-马里·勒让德（又译为阿德里安-马里·勒让德尔）的《计算彗星轨道的新方法》，该书出版于1806年（被推迟出版）。

(79)

figure générale du globe; elle suppose dans
vées des erreurs que l'on déterminera en sub
trouvées pour α et c, dans les expressions
trouvera, en réduisant ces erreurs en secon
E' = −0"73, E" = 1"83, E''' = −1"55, E''
La plus grande de toutes ne monte pas à
sans égard aux signes, n'est que de 0"91.

Si au lieu de chercher les deux quanti
viennent au *minimum* absolu, on commenc
lité α égale à l'aplatissement connu $\frac{1}{334}$,
deviendront

E' = 0.001554 + c(4.9
E" = 0.000391 + c(2.7
E''' = −0.001612 + c(0.0
E'''' = −0.000663 − c(2.9
E' = 0.000323 − c(4.7

et on aura pour l'équation du *minimum*, 0 = 0.
d'où résulte c = −0.0001436; donc

le 45ème degré = 28500 (1 − c) =

ce qui s'accorde suffisamment avec la déter
mais alors les erreurs E', E", &c. exprin
deviennent

E' = 3"06, E" = 0"00, E''' = −5"83, E'''' =

les erreurs sont plus fortes qu'elles n'étoi
minimum absolu ; la plus grande tombe sur l
et la moindre, qui est même entièrement n
Panthéon.

Au reste, les anomalies dans les latitude
toute ne doivent point être attribuées aux o
ent vraisemblablement à des attractions l
irrégulièrement sur le fil à plomb. Il suffit, pou
l'homogénéité dans les couches qui avoisine

(27)

Mais l'aire $\frac{1}{2}(xdy - ydx)$ est la projection sur le plan de l'écliptique, de l'aire $\frac{1}{2}r^2d\varphi$ décrite dans le plan de l'orbite ; donc puisque l'inclinaison mutuelle de ces deux plans est I, on a

$$\frac{r^2d\varphi}{dt} = \frac{xdy - ydx}{dt\cos I} = \frac{C'}{\cos I}.$$

Donc

$$C'^2 = \cos^2 I\left(2r - \frac{r^2}{a} - k^2\right).$$

Faisant à la fois $r = \Pi$ et $k = 0$, le second membre se réduit à $\cos^2 I\left(2\Pi - \frac{\Pi^2}{a}\right)$. Donc on a en général,

$$C' = \pm\cos I\sqrt{\left(2\Pi - \frac{\Pi^2}{a}\right)},$$

et en particulier, lorsque l'orbite est parabolique,

$$C' = \pm\cos I\sqrt{2\Pi};$$

ce qui donne les formules (41)

XXVIII. La solution que nous venons de développer pour le cas où les observations sont faites à des intervalles de temps égaux, paroît avoir toute l'exactitude et la simplicité qu'on peut desirer dans une question dont la difficulté est généralement reconnue. Si par des circonstances peu favorables cette solution ne conduit pas à des résultats suffisamment exacts, il faudra s'en prendre à l'imperfection des observations et non aux négligences que nous nous sommes permises dans la réduction des formules. En vain voudroit-on pousser plus loin l'exactitude de ces formules (ce qui ne pourroit se faire que par des calculs trop compliqués pour être de quelqu'utilité dans la pratique) ; les erreurs des observations domineroient toujours et empêcheroient les résultats de passer un certain degré d'approximation. D'ailleurs, on sait assez que trois observations prises à peu de distance les unes des autres, ne peuvent

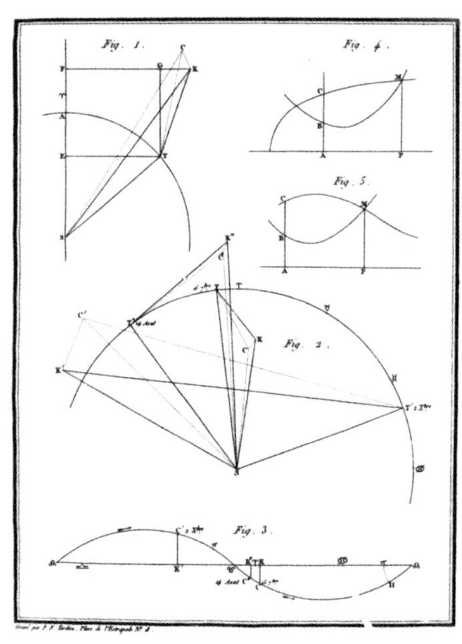

并非所有的书都像这些书一样重。

城市变得非常拥挤。

粗略的解决方案

以下这些表述都不具有确定性：书的封面可能比书页重；后搬进城市的人相比已有的居民很可能住进更小的公寓；除容积之外，发动机的功率还取决于许多其他因素。这些事实意味着上述方程并不完全准确。因此在这些情况下，我们想要用某种方法来建立关系，特别是想通过常数来建立关系，就不得不以一种粗略的、近似的方式去做。这正是统计学旨在解决的问题，最简单的解决方案是测量一些实际的图书、城市或发动机，并绘制结果图表，如下方左图所示。

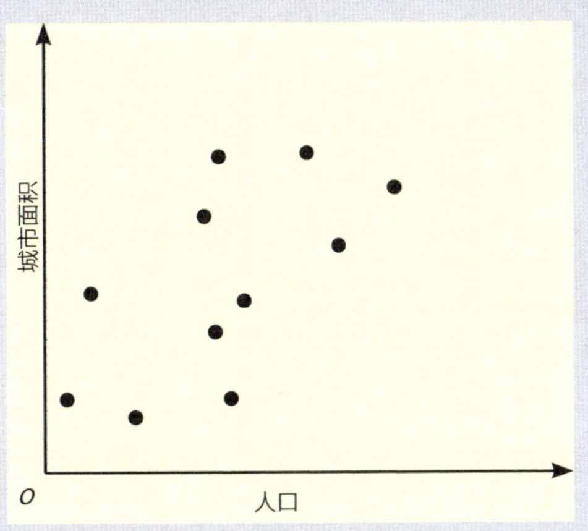

定义什么是最佳

接下来，我们绘制一条最能拟合数据的直线。我们可以通过肉眼观察来辅助做好这件事。但数据如此分散，以至于可选的直线太多了，所以我们需要一种数学方法来描述什么是“最佳拟合直线”。有种简单而又非常有效的方法，是这么描述的：最佳拟合直线是从各点到这条直线的距离之和最小的那条直线。比如下页图中所示的这条。

在这种情况下，我们将从直线到其

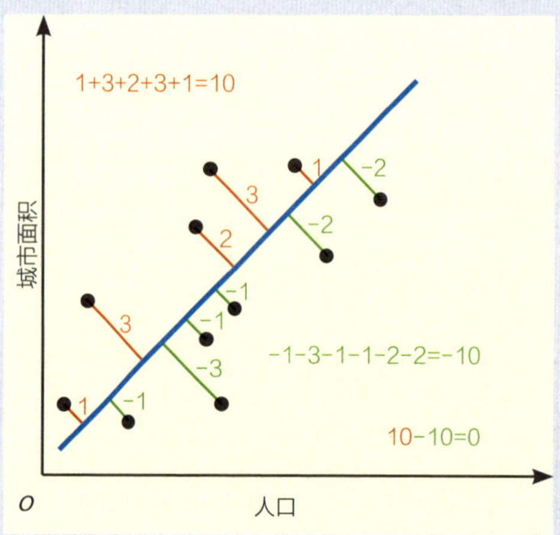

下面的点的距离（绿色线）标记为负值，将从直线到其上面的点的距离（红色线）标记为正值。当它们加起来得到 0 时，对应的蓝色直线是这些数据的最佳拟合直线。

最小二乘法

这种寻找最佳拟合直线的方法是最简单、最清晰的，但不是最普遍的。在某些情况下可以通过多条直线获得同样的拟合效果。

有一种方法可以绕过这个问题，即想要距离最小，不是令点到直线的距离之和最小，而是令它们的平方之和最小，称最小二乘法。

距离的种类

有的时候，与其测量点到直线的最小距离，不如用垂直距离代替，部分原因是垂直距离更易于计算，如下图所示。在这两种情况下，距离有时也被称为偏移量。同时，最小距离被称为垂直偏移，因为每一条垂直偏移线与此直线形成的角都是直角。

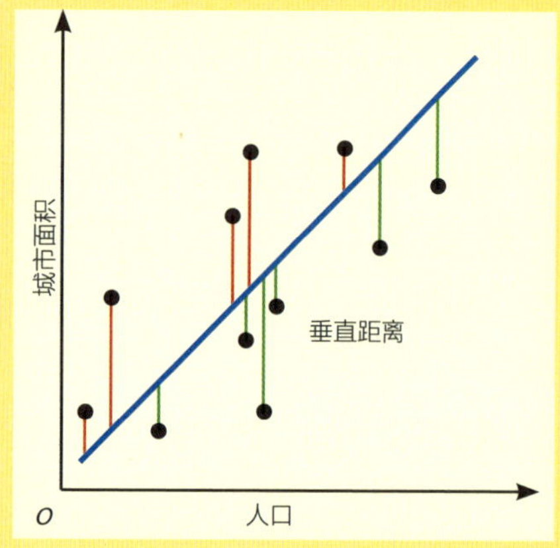

在这幅漫画中，勒让德表情沮丧，可能是因为他经历了法国大革命。

危险的日子

最早研究最小二乘法的是勒让德，他在法国大革命期间生活在巴黎，1793 年他失去了家庭财富和在法国科学院的地位，甚至几乎到了不得不躲藏一段时间的地步。但他那作为当时最伟大的数学家之一的声誉令他受到了新式学院的欢迎，该学院于 1795 年重新开放为国家科学与艺术学院。

勒让德非常不喜欢传记作家，根据他同事的说法:“他经常表达这样的愿望，提到他时，只关心他的作品就行，因为实际上，他的作品就是他的整个人生。”因此，他生活中的许多细节不为人知也就不足为奇了。

我们对勒让德的大部分了解来自他的同事西梅翁-德尼·泊松。

著名的谷神星

阿瑟·柯南·道尔爵士在写充满戏剧性的《福尔摩斯探案集》时可能想起了高斯重新定位谷神星的著名科学报告。在这部侦探小说中，柯南·道尔提到了邪恶但才华横溢的莫里亚蒂教授所著的科学经典："他难道不是《小行星动力学》一书的著名作者吗？这本书将纯数学提升到如此罕见的高度，据说科学媒体界没有人有能力批评它？"

夏洛克·福尔摩斯和莫里亚蒂教授在瀑布对决时双双坠入瀑布，消失不见了——结局真的是这样吗？

Beobachtungen des zu Palermo d. 1. J

1801		Mittlere Sonnen-Zeit			Gerade Aufsteig. in Zeit			Gerade Aufsteigung in Graden			Ab
		St	′	″	St	′	″	°	′	″	°
Jan.	1	8	43	27,8	3	27	11, 25	51	47	48, 8	15
	2	8	39	4,6	3	26	53, 85	51	43	27, 8	15
	3	8	34	53,3	3	26	38, 4::	51	39	36, 0	15
	4	8	30	42,1	3	26	23, 15	51	35	47, 3	15
	10	8	6	15,8	3	25	32, 1::	51	23	1, 5	16
	11	8	2	17,5	3	25	29, 73	51	22	26, 0	. .
	13	7	54	26,2	3	25	30, 30	51	22	34, 5	16
	14	7	50	31,7	3	25	31, 72	51	22	55, 8	16
	17	. .	. .	. .	. .	. .	. .	. .	. .	. .	16
	18	7	35	11,3	3	25	55, ::	51	28	45, 0	. .
	19	7	31	28,5	3	26	8, 15	51	32	2, 3	16
	21	7	24	2,7	3	26	34, 27	51	38	34, 1	16
	22	7	20	21,7	3	26	49, 42	51	42	21, 3	17
	23	7	16	43,5	3	27	6, 90	51	46	43, 5	17
	28	6	58	51,3	3	28	54, 55	52	13	38, 3	17
	30	6	51	52,9	3	29	48, 14	52	27	2, 1	17
	31	6	48	26,4	3	30	17, 25	52	34	18, 8	17
Febr.	1	6	44	59,9	3	30	47, 2::	52	41	48, 0	17
	2	6	41	35,8	3	31	19, 06	52	49	45, 9	17
	5	6	31	31,5	3	33	2, 70	53	15	40, 5	18
	8	6	21	39,2	3	34	58, 50	53	44	37, 5	18
	11	6	11	58,2	3	37	6, 54	54	16	38, 1	18

皮亚齐收集的谷神星运动的原始数据。

失落的世界

勒让德似乎并没有对最小二乘法产生很大的兴趣，而高斯展示了最小二乘法的真正力量：高斯使用最小二乘法来计算小行星的轨道。

谷神星曾被认为是距离太阳第五近的行星，于1801年的第一天被一位名叫朱塞佩·皮亚齐的意大利天文学家发现，但它的轨道有一段在太阳的后面。截至观测不到时，皮亚齐已经绘制了它在19个夜晚的位置图，不过当时望远镜还不

…n Prof. Piazzi neu entdeckten Gestirns.

…eocentri-…he Länge	Geocentr. Breite	Ort der Sonne + 20" Aberration	Logar. d. Distanz ☉ ♂
° ′ ″	° ′ ″	Z ° ′ ″	
23 22 58,3	3 6 42,1	9 11 1 30,9	9,9926156
23 19 44,3	3 2 24,9	9 12 2 28,6	9,9926317
23 16 58,6	2 58 9,9	9 13 3 26,6	9,9926324
23 14 15,5	2 53 55,6	9 14 4 14,9	9,9926418
23 7 59,1	2 29 0,6	9 20 10 17,5	9,9927641
……	……	……	……
23 10 37,6	2 16 59,7	9 23 12 13,8	9,9928490
23 12 1,2	2 12 56,7	9 24 14 13,5	9,9928809
……	……	……	……
……	……	……	……
23 25 59,2	1 53 38,2	9 29 19 53,8	9,9930607
23 34 21,3	1 46 6,0	10 1 20 40,3	9,9931434
23 39 1,8	1 42 28,1	10 2 21 32,0	9,9931886
23 44 15,7	1 38 52,1	10 3 22 22,7	9,9932348
24 15 15,7	1 21 6,9	10 8 26 20,1	9,9935062
24 30 9,0	1 14 16,0	10 10 27 46,2	9,9936332
24 38 7,3	1 10 54,6	10 11 28 28,5	9,9937007
24 46 19,3	1 7 30,9	10 12 29 9,6	9,9937703
24 54 57,9	1 4 1[illegible] 5	10 13 29 49,9	9,9938423
25 22 43,4	0 54 23,9	10 16 31 45,5	9,9940751
25 53 29,5	0 45 5,0	10 19 33 33,3	9,9943276
26 26 40,0	0 36 2,9	10 22 35 11,4	9,9945823

高斯的原始草图。

够先进，并不足以精确测量这些位置。皮亚齐掌握的粗略数据不足以确定谷神星在天空中的路径，所以一旦它再次从太阳后面出现，没有人知道该去哪里寻找。高斯将他的最小二乘法应用于皮亚齐的3个观测结果中，并预测了谷神星再次可见后将出现的位置。1801年的最后一天，两位天文学家几乎就在那个位置发现了那“失落的世界”。

皮亚齐关于发现小行星带中最大天体谷神星的记叙。

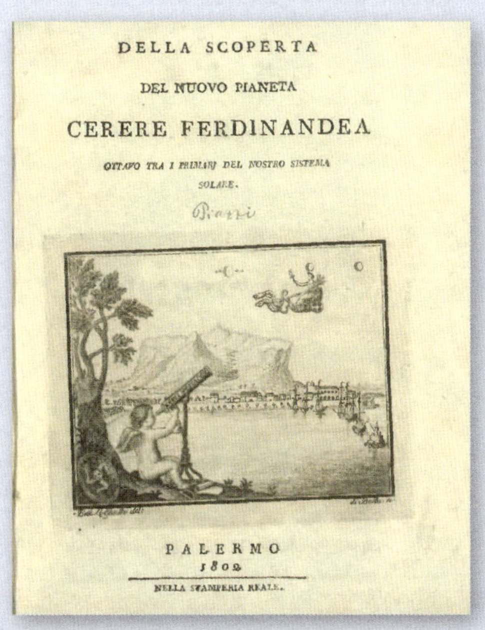

DELLA SCOPERTA

DEL NUOVO PIANETA

CERERE FERDINANDEA

OTTAVO TRA I PRIMARJ DEL NOSTRO SISTEMA SOLARE.

PALERMO

1802.

NELLA STAMPERIA REALE.

谷神星的命运

如果你现在在网上搜索“距太阳第五近的行星”，不会出现包含谷神星的结果：因为它在被发现后的第二年就被归类为小行星。不过，它在2006年再次被重新归类，这一次它被归类为矮行星，部分地重新获得了行星地位。

来自最佳拟合直线的数据

如果你确信你理解了最佳拟合直线的真正意义，也就是说，理解了直线与数据之间存在某些确定的联系，你就可以用它来挖掘新的信息。例如，从右上图中，你可以找到占地1000平方千米的城市对应的人口，或者找到一个拥有1000万居民的城市的面积。要做到这些很简单，你可以从选定的数据（如1000万人口）出发画一条垂线，将这条垂线延伸到最佳拟合直线处使它们相交，然后通过交点画一条新的垂线到另一个坐标轴，由与坐标轴的交点就能找到对应的城市面积为2000平方千米（如图中粉色直线所示）。

散布

在上述例子中，通过最佳拟合直线得出的结论并不可靠——毕竟这个结论只是通过点与直线的距离估计的（这被称为数据的“散布”）。

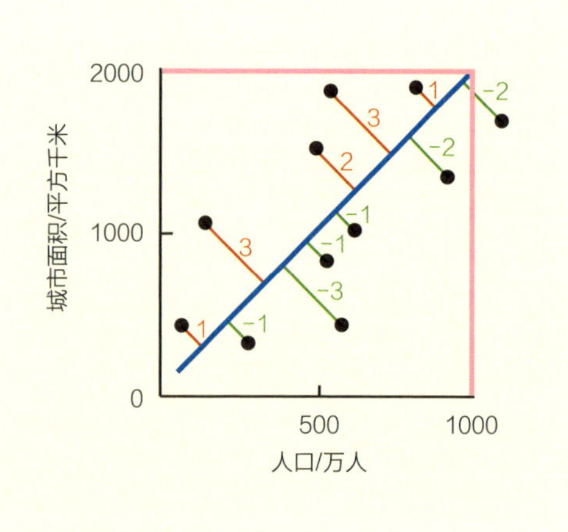

没有图纸的线条

画出最佳拟合直线和读出答案都很耗时，用计算机制图也同样棘手。不过我们可以找到描述这条直线的方程：在数学上，直线和描述它的方程实际上是一回事。

描述直线的方程的求取方法如下。

第1步：选点。

在直线上找到两个点，如对页图所示。我们可以将这两个点用坐标表示。第1个点对应的坐标为(1000,2000)，第2个点对应的坐标为(500,1000)。

第2步：选择通用方程。

现在我们写下适用于所有直线的一般方程：

$$y=mx+c$$

按照惯例，横轴上的点称为x坐标，纵轴上的点称为y坐标，这就是方程中的x和y。c是直线与纵轴的交点的值，即y坐标（在本例中为0，正如我们所知，

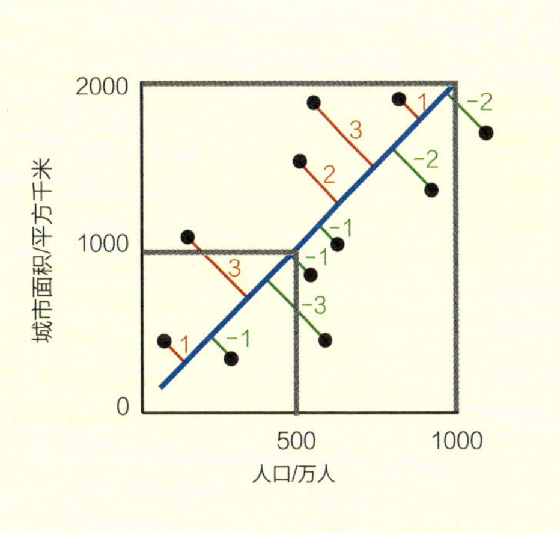

一个面积为 0 的城市不能容纳任何人）。m 是直线的斜率（或斜度），对于水平直线来说 m 为 0，而对于垂直线来说 m 为无穷大。

第 3 步：求斜率 m。

将点 (1000,2000) 和 (500,1000) 的坐标代入方程，得到与方程有关的两个式子：

$$2000=1000m+c$$

$$1000=500m+c$$

两个式子相减：

$$2000-1000=1000m+c-500m-c$$

进一步整理：

$$1000=1000m-500m=500m$$

然后用这个等式算出 m 的值：

$$m=\frac{1000}{500}=2$$

再把这个 m 的值代入原方程：

$$y=2x+c$$

第 4 步：计算常数 c。

为了计算出 c，我们用两个点中任何一个的坐标替换 x 和 y：

$$1000=2x500+c$$

然后进一步计算：

$$c=1000-2\times500=0$$

所以，c 正如预期的那样为 0。于是得到了根据人口计算城市面积的粗略值的方程：

$$y=2x$$

第 5 步：谨慎使用。

与对待最佳拟合直线本身一样，应该非常谨慎地对待这个方程，因为它给出的值并不比最佳拟合直线本身更准确，其准确性可以通过它对应的直线周围数据点的分布来判断。

以上内容背后的一个问题是，这些直线是从哪里来的。虽然我们可以通过肉眼拟合多条直线，然后使用最小二乘法计算找到最佳拟合直线，但这非常耗时，而且没有办法确定是否还有一条拟合效果更佳的直线。还有一种可以找到最佳拟合直线的数学方法，称为回归，后文会进行讲解。

如何应用？

各种类型的拟合线

尽管目前为止我们一直在讨论直线，但我们也可以使用完全相同的方法来找出哪些曲线与数据的拟合效果最佳。我们可以找到一条穿过下图中所有4个点的线——一条完美的拟合线。

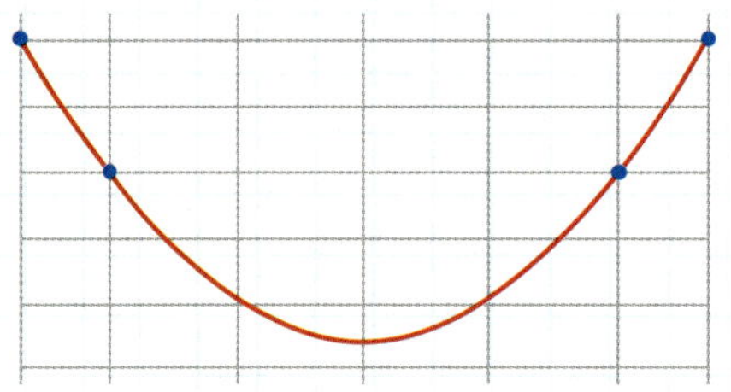

该曲线对应的一般方程是 $y=ax^2+bx+c$（$a \neq 0$），被称为二元二次方程。虽然总是可以找出一条恰好通过任何一组点的曲线，但问题是曲线对应的方程会变得越来越复杂。以下图中的6个点为例。

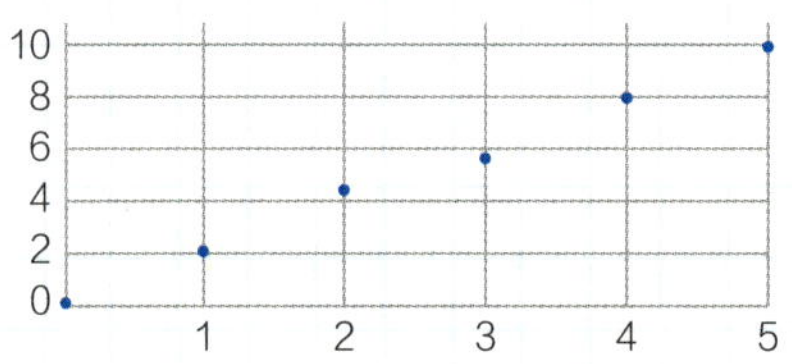

上图中的6个点可以用下面的曲线来完美地拟合。

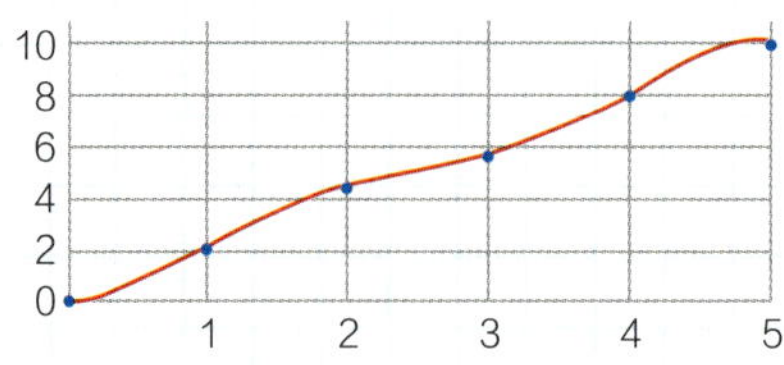

但这条曲线对应的方程是

$$y=0.1+0.2x+2.9x^2-1.2x^3-0.01x^4+0.7x^5-0.16x^6$$

很难想象要如何解释如此复杂的方程是怎么来的。此时有一种更适合用于解答的方法，那就是潜在的近似关系会更简单。比如下图中的这条线。

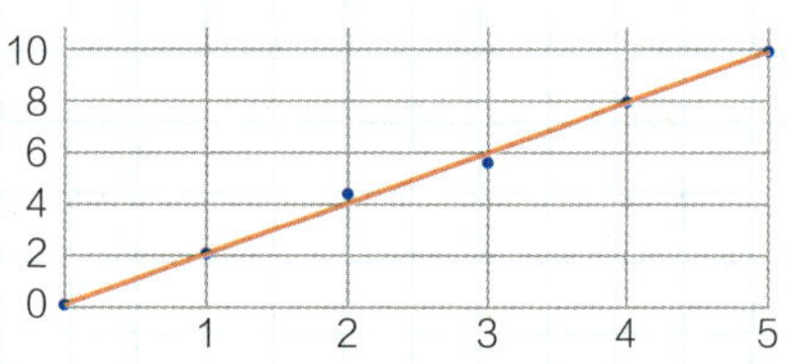

该线对应的方程为 $y=2x$。

当然，在实践中，这些点会居于任意位置，所以应该有一个基本的理论来解释如何得出相应的方程。通常来讲，每个点都表示一个已测量过的数据，并且由于这些测量过程不会是完美的，因此这条线稍微错过一些点也没有关系。可棘手的事情又来了——如何定义“稍微”？这个问题会在第90页的《误差》部分进行介绍。

没有意义的拟合线

直线拟合技术的最大优点在于，始终可以给你提供这样一条（或多条）线来最佳拟合一组数据。但这也是它最大的缺点，因为这条线可能毫无意义：你绘制拟合直线所用的数据之间可能根本没有任何关系。你用 100 人的鞋码与他们最喜欢的鞋码作图，可以找到最佳拟合直线。但问题是这里的“最佳”并不意味着“好”或“有意义”。

当然，也没有人会认为你的脚有多大和你最喜欢哪个鞋码之间存在关系，但是鞋子的大小和身高呢？在这种情况下，最佳拟合直线有什么意义吗？这个问题触及了统计学的核心，即帮助检验、证明和发展某些理论。除非有某种理由认为两个数据是相关的，否则没有必要绘制它们的拟合直线。

了解一个人的鞋码并没有多大的价值。

参见：
► 误差，第90页
► 回归，第118页

拉普拉斯妖

统计学的主要目的是告诉我们关于一个不确定的世界的事情。如果有人掷 100 个骰子，统计学可以非常准确地预测它们将落下，并有一个面朝上。它还会大致告诉你预计会看到多少个 6 点，但不会告诉你是否有任何特定的骰子会 6 点面朝上。

骰子被掷出后，将会如何落下?去问一位统计学家吧，比如法国数学天才拉普拉斯。

骰子的下落方式取决于它们的投掷方式、落下时穿过的空气和着陆的表面。如果某位杰出的科学家对这些事情了如指掌，那他是否能够预测哪个骰子会 6 点面朝上呢?

预测的力量

法国数学家拉普拉斯会说："是的。"而今天的科学家也会给出肯定的答复。如果有足够的数据，单个骰子掉落后哪个面朝上是可以使用物理学的定律来进行预测的。他设想了一个思想实验，有一种生物（现在通常被称为拉普拉斯妖），它对宇宙中的每一个原子都了如指掌，以至于它可以准确地预测未来任何时刻会发生什么事情，而且能够预测完整的细节。虽然你可能会认为你可以自由选择接下来要吃的是哪块饼干，但拉普拉斯则认为，“妖”确切地知道你的大脑是如何工作的，能够提前告诉你要选择哪块饼干。

暴力时期的统计学

拉普拉斯是一位天才，他对科学和数学的许多领域都作出了重大贡献。他改进了最小二乘法、贝叶斯定理和中心极限定理。即使 18 世纪 80 年代末，他住在巴黎时法国大革命爆发了，也没能阻止他进行研究。然而，他最亲密、最聪明的科学家同事之一安托万 · 拉瓦锡就没有那么幸运了：他于 1794 年被送上了断头台。当时他的朋友们争辩说：“作为法国（和世界上）最伟大的化学家之一，拉瓦锡应该被赦免死罪！”法官却说：“革命不需要科学家。”

星云说

拉普拉斯对统计学的兴趣源于他伟大的发现：太阳系的起源。根据拉普拉斯的说法，太阳系起源于太空中的一团巨大的云（称为星云），它在自身引力的作用下坍塌并开始旋转。当星云坍缩时，外部形成行星、卫星等天体；星云的核心坍缩成一个致密的物质，最终变成太阳。这个星云说大体上是正确的，并且在今天仍被认可。

拉瓦锡的聪明才智不足以让他免于被送上断头台。尽管他在科学领域作出了许多贡献，但作为负责为国家收税的包税官，他因参与横征暴敛而被处决。

关于运动的数学

虽然当时的数学方法和数据都无法使他的理论得以完善，但拉普拉斯仍进一步发展了由牛顿发展的关于太阳系的理论。牛顿展示了如何仅使用4个物理定律（包括3个运动定律和1个万有引力定律）就获知所有行星（以及卫星和彗星）的运动情况。他在他的《自然哲学的数学原理》一书中解释了这一点。

太阳系的命运

虽然牛顿几近成功地解释了行星的运动轨迹，但太阳系是否稳定仍然是个问题。行星之间以一种过去甚至到现在都无法精确计算的方式相互“拉扯”，并且我们不知道这些“扰动”是否最终会导致太阳系崩溃，或者可能导致各天体逐渐拉开距离。牛顿本人认为，上帝可能不得不偶尔进行干预，以避免此类灾难。拉普拉斯则证明，扰动永远不会大到足以破坏太阳系的稳定，而且牛顿提出的定律还会在接下来的时间里，继续被用于预测行星的运动。他于1796年在他的著作《宇宙体系论》一书中阐

牛顿的工作部分地受到了彗星运动的启发，尤其是1680年出现的大彗星。

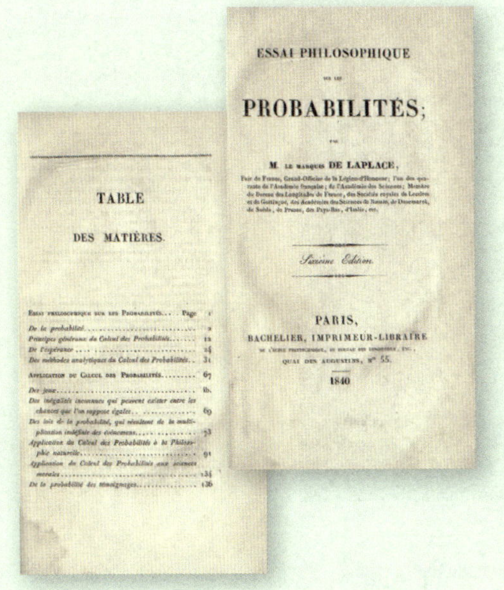

TABLE

DES MATIÈRES.

ESSAI PHILOSOPHIQUE

SUR LES

PROBABILITÉS;

PAR

M. LE MARQUIS DE LAPLACE,

Sixième Édition.

PARIS,

BACHELIER, IMPRIMEUR-LIBRAIRE

QUAI DES AUGUSTINS, N° 55.

1840

拉普拉斯的著作《宇宙体系论》一书中的一些页面。

述了他的结论。当拿破仑·波拿巴（当时的法国第一执政官）与拉普拉斯讨论这本书中的发现时，他问拉普拉斯为什么没有提到上帝的影响。拉普拉斯给出了那个著名的回答："我不需要那个假设。"

太阳系的发条模型，可用于预测行星的位置。牛顿设计了太阳系的数学模型，但认为太阳系需要一个创造者和一个修复者。拉普拉斯证明了两者都不需要。

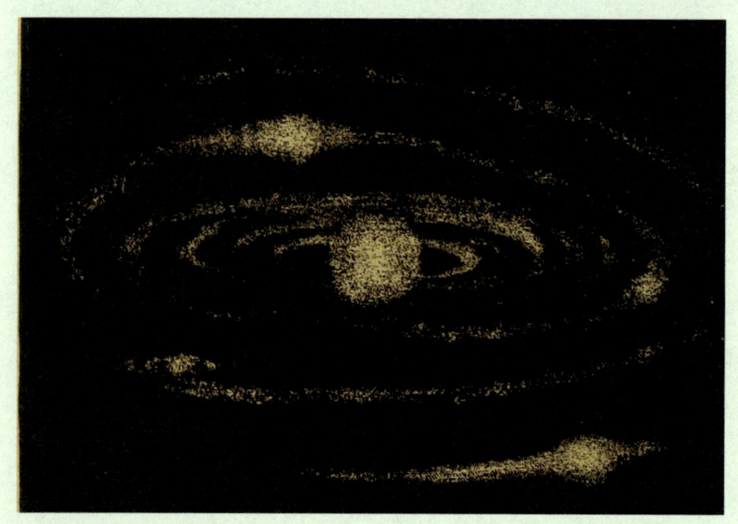

拉普拉斯关于太阳系形成的理论在大体上是正确的。正如拉普拉斯所言，这个由尘埃和气体构成的圆盘正在坍缩，形成一颗新的恒星和一些行星。

还需更多数据

拉普拉斯证明了牛顿提出的定律的正确性，这使他得出结论，只要有足够的数据，一切事物都是可以被完全准确地预测的。而科学家的工作就是收集这些数据。但是，由于测量仪器不够精密，因此我们得到的测量值与做出完美预测所需的实际值之间总会存在差距。拉普拉斯这一大胆的新观点的提出，使关于这一差距的研究变得至关重要。如果你喜欢跑步，那么你可能会很高兴拥有一款手表，它可以告诉你跑步速度为 10 米 / 秒。但是，如果有人计算出你个人的最快速度为10.689米/秒，此时，你可能就会对手表产生很多新疑问，比如手表的准确性究竟如何，以及如何提升它的准确性。

关注差距

研究差距也是统计学家的工作之一，因此，拉普拉斯以一种其他数学家——他们仍将统计学与赌博联系在一起——所没有的严肃态度认真对待这个课题。这就是为什么拉普拉斯是第一位对答案的准确性提供正确评估方法的科学家。例如，他计算出土星的质量是太阳质量的 1/3512。之前也有人得出过类似的计算结果，但与他们不一样的是，拉普拉斯还计算出计算值偏离实际值 1% 以上的概率仅为 1/11000。（实际值约为1/3499，确实在 1% 以内。）

拉普拉斯妖能做到吗?

现代科学已经证明拉普拉斯的假想生物——拉普拉斯妖是错误的。即使我们知晓宇宙的一切，也无法准确预测宇宙的未来。这是因为有些现象是随机的，因此是不可预测的。例如，放射性原子的原子核可能在任何时间释放一个粒子，而这个时间我们永远不可能提前知道。另外，进行完美的测量也是不可能的，因为每个测量仪器都会非常轻微地（并且不可预测地）“改变”被测量的事物。

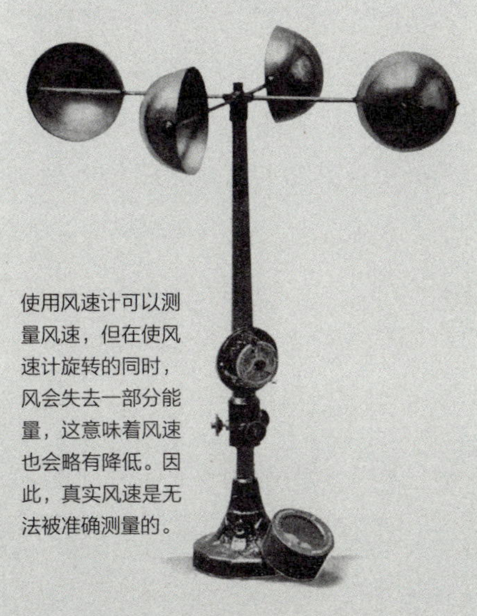

使用风速计可以测量风速，但在使风速计旋转的同时，风会失去一部分能量，这意味着风速也会略有降低。因此，真实风速是无法被准确测量的。

拉普拉斯和他同时代的许多人都相信这个理论：宇宙是由原子构成的，这些原子根据牛顿提出的运动定律和万有引力定律相互作用，就像台球一样。因此，正如我们可以通过观察和数学知识来预测下一次击球后台球的排列样式一样，我们也应该能够预测宇宙中所有原子某一刻的排列样式。

参见：
- ▶ 在期待什么，第28页
- ▶ 随机性，第112页
- ▶ 测量置信度，第154页

误　差

1796 年，一位名叫戴维 · 金内布鲁克的 24 岁天文学家助理被他的老板——英国皇家天文学家[1]内维尔 · 马斯基林解雇，因为他在记录天体的观察数据时一而再、再而三地犯错。30 年后，他的错误被证明对理解误差这一数学概念非常有用。

金内布鲁克与马斯基林在靠近伦敦市中心的格林尼治皇家天文台工作（直到今天，经过格林尼治皇家天文台的经线，即本初子午线，仍被作为地理经度的起点，也就是经度为 0°）。金内布鲁克的错误在于，他估算一颗恒星在望远镜观测范围内经过一个特定点的时间时，估算值的精度未能达到小于 0.1 秒。这位年轻的助手在学校谋得一份新职并工作了一段时间后，马斯基林原谅了他，还给他这位前助手找到了一份当“计算员”的工作——负责航海教科书出版前其中数据的计算工作。

内维尔 · 马斯基林

格林尼治皇家天文台。

[1] 译者注：英国皇家天文学家是一种荣誉职位，由英国国王任命，主要负责为英国政府提供天文学方面的建议和信息。

直到20世纪40年代，所有的“计算机”还都是人。在第一批杰出的计算师中有亚历克西斯-克劳德·克莱洛[1]，妮科尔-雷内·勒波特[2]和约瑟夫-热罗姆·拉朗德[3]，1757年，几人在一起工作。在此之前75年，即1682年，哈雷预测一颗彗星将于1758年或1759年出现在天空中。于是这个数学3人组分担了计算彗星在天空中出现的准确位置的任务，并发现了哈雷彗星。如今，众所周知，哈雷彗星在1759年4月到达了离太阳最近的位置。

一位志趣相投的朋友

1820 年，德国天文学家贝塞尔在听说了金内布鲁克被解雇的消息之后，便开始思考这个错误是如何产生的。和金内布鲁克一样，贝塞尔是天文学家的助手和计算师。从 15 岁起，他就在一家靠进出口贸易赚钱的公司当学徒。像那个年代的所有人一样，他当学徒期间是没有报酬的，但他数学很厉害，当学徒不到一年，他就因为公司计算账目获得了报酬。

人差方程

贝塞尔从其他天文学家那里收集了类似的数据，当他对这些数据进行统计分析时，他很快发现每个人在观测、记录时都有他们各自的个人延迟时间。贝塞尔将其称为观察者的“人差方程”。

人为因素

在当时（正值工业革命时期），准确的测量技术对于新技术的出现既是必要的条件，也是其必然结果。仪器本身的高精度意味着测量误差的主要来源往往是使用仪器的人。所以，贝塞尔的新概念出现得非常及时——这意味

[1] 译者注：1713—1765年，法国数学家、力学家、天文学家和大地测量学家，是微分几何的先行者之一。

[2] 译者注：法国数学家和天文学家，是一位法国皇家钟表匠的妻子，她曾经和丈夫制作了一个具有天文历法功能的时钟。其父母比较开明，因此她受到了比较好的教育；她的丈夫也允许她从事研究，因此她成了拉朗德的长期科研搭档。

[3] 译者注：1732—1807年，法国天文学家，天王星（Uranus）命名的参与者。

着像金内布鲁克这样的人不再被视为懒惰或粗心大意。事实上，贝塞尔的工作导致了英文中的 error（误差）这个词的含义发生了变化（至少在科学家这儿使用时是这样），从“错误”变成了“实际值与测量值之间的差异”。

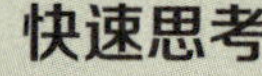

快速思考

贝塞尔的“人差方程”与“反应时间”的概念密切相关。如果你拿着尺子的手松开，朋友张开手在下面接着，通过接住尺子那一刻尺子经过的你们手掌之间的距离，可以很容易地测量出你们的反应时间，而且反应时间对你们来说是能反映个人特点的指标。

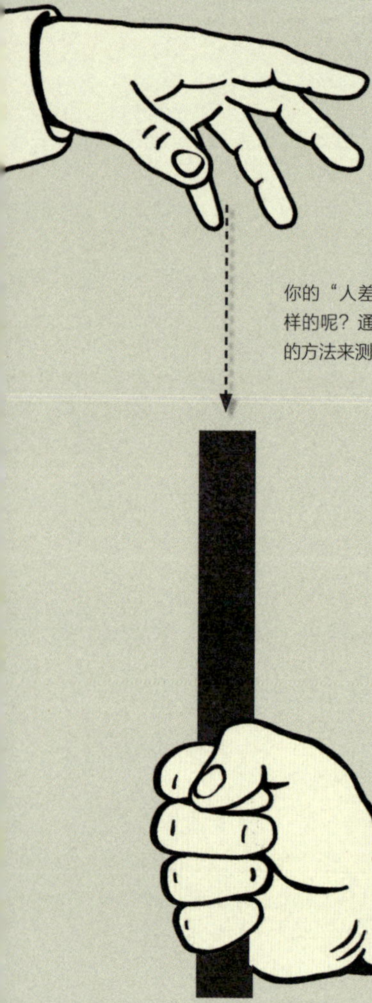

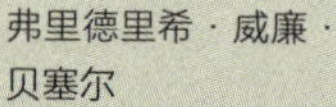

弗里德里希·威廉·贝塞尔

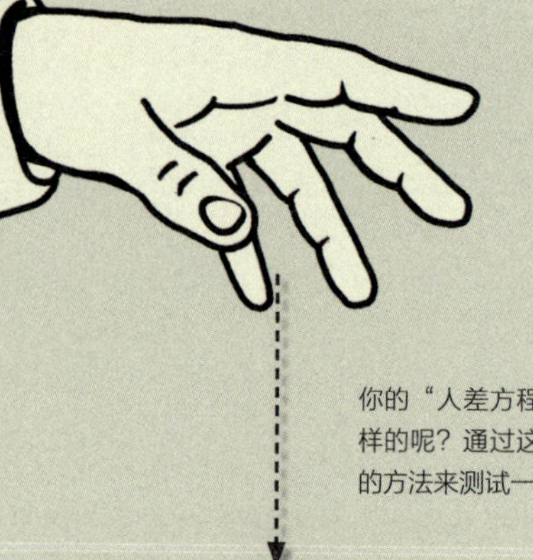

你的“人差方程”是怎样的呢？通过这种简单的方法来测试一下吧！

你的秒表准确性如何？要回答这个问题，首先需要知道它在使用过程中产生了多少误差。

从图中这个温度计读取的温度数值取决于观察者所在的确切位置。然而无论如何，这些人都很同意，今天是个寒冷的日子。

片刻之差

但是纠正这样的错误也只能粗略地进行。就像“人差方程”一样，反应时间是个平均值。一次按下秒表的按钮可能需要 0.08 秒，而另一次则可能需要 0.19 秒。这告诉我们，在使用那种可以记录 0.01 秒或更短时间的秒表时应该格外谨慎。一个人若用它来为两件事计时，虽然实际上这两件事所用的时间完全相同，但几乎可以肯定的是，用秒表记录时会产生两个不同的读数，比如 00:39:59.99 和 00:40:00.04。

不准确的结果

上述两个读数都不准确，如果它们是两个跑步者完成比赛的时间，那么第一个跑步者将被宣布为获胜者。然而事实可能并不是如此，所以最公平的结论是比赛双方势均力敌，因为两个结果都在 0.1 秒的误差范围内。每次进行观测时误差都大致相同，这种类型的误差被称为系统误差。系统误差会影响一些机器。例如，风速计的转动可能会稍微滞后于经过它的风，因此测得的风速会略低。至少在一定程度上，系统误差是可以修正的。

随机误差

直尺、玻璃温度计、弹簧秤、时钟和其他通过判断指针或水平刻度的位置来进行测量的设备，只能读取到一定精度的值，因此所得到的测量值将集中在实际值附近，二者的差叫随机误差。与系统误差不同，随机误差位于实际值的两侧（即比实际值大或比实际值小），无法修正。随机误差可以用“±”符号（意思是“相加或相减”）表示。例如，（33±1）克的质量测量值可以表示随机误差的大小，它意味着实际质量为 32~34 克。

眨眼的瞬间

有一种因反应时间导致的现象叫作视觉暂留效应。大脑会将来自眼睛的图像保留几分之一秒，如果呈现在眼前的图像的变化速度比这个时间快，这些图像将同时被看到。这是“笼中鸟”错觉的基础，也是我们在电影银幕上看到的是动态图像，而不是一连串静止照片的原因。

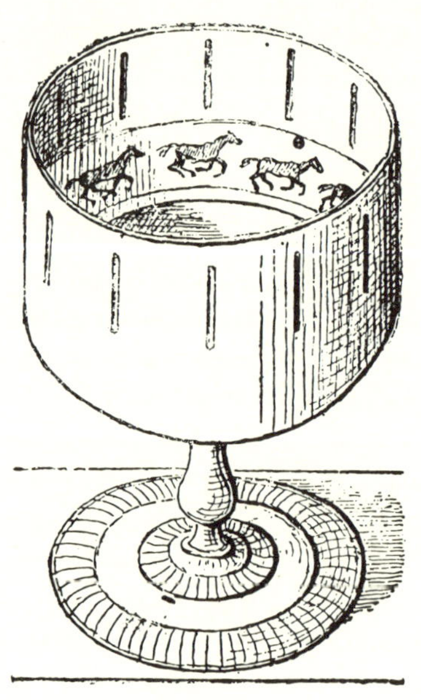

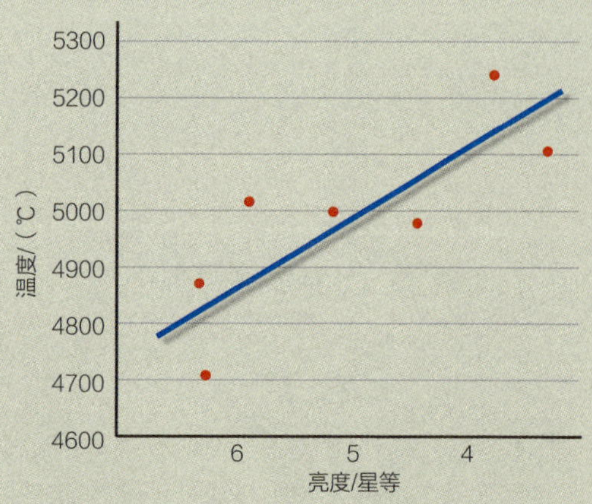

恒星的预计温度与其亮度的关系（最佳拟合直线未通过任何一个点）。

误差线

在分析实验结果时，我们经常尝试通过结果拟合一条直线，但最佳拟合直线通常不会通过所有点，有时甚至不会通过其中任何一个点。如上图所示，恒星的温度很难测量。如果数据的误差仅精确到 ±150℃，则我们可以为每个点添加一条误差线，也就是将每个点向上

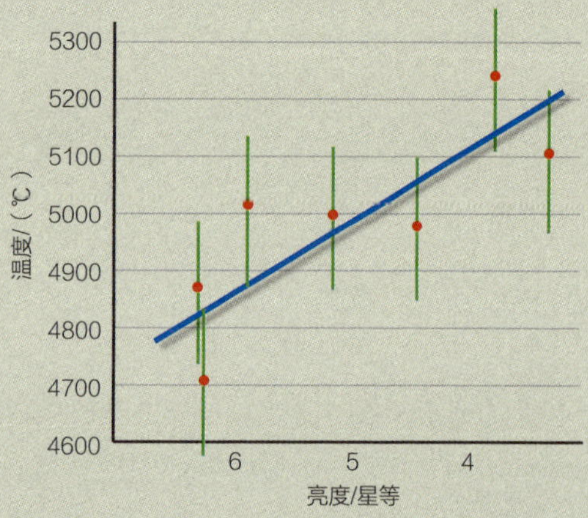

恒星的预计温度与其亮度的关系（最佳拟合直线穿过了添加的误差线）。

又准确又精确

不准确但精确

相当准确但不精确

既不准确也不精确

移 150℃和向下移 150℃得到的线，如上页右下图所示。因为这条拟合直线穿过了所有的误差线，所以可以肯定地说它对实验结果拟合得非常好。

准确度与精确度

尽管准确度和精确度通常被视为含义相同，但准确度实际上与测量的质量有关，而精确度与值的记录方式有关。如果你只能将温度测量到个位数，那么其准确度肯定不如测量到小数点后一位高。另外，12.676 是一个非常精确的值，13 就不那么精确了。箭射得精确的弓箭手会将箭射得集中在靶心周围，而射得又准确又精确的弓箭手每次都能射中靶心。这些结果也可以用误差来表述。紧密聚集的这类结果具有较小的随机误差。如果它们聚集在一起，但偏离目标，那么它们则是受到了系统误差的影响（可能是由稳定的微风引起的系统误差）。始终接近目标，但彼此不靠近的箭则射得相当准确但不精确。同样，如果使用直尺测量足球的周长，你量出的尺寸很可能非常不准确——也许能精确到大约 0.5 厘米。所以，测量值的最末一位应该只记录为 0.5 厘米，如 62.5 厘米、63.5 厘米。若将其记录为 0.1 厘米，如 62.1 厘米、63.1 厘米，这样虽更精确了，但这一位小数是推测的，会产生误导。

参见：
▶ 平均人，第96页
▶ 离群值，第108页
▶ 谬误，第168页

平均人

虽然科学已经有几千年的历史，但人类可以像行星或动物一样被科学研究的观点，以及人类本身就是动物的观点，仍然是相当新颖的。科学家和其他学者一样，更愿相信人类比世界上的其他事物更好，也许是因为确信人类是按照上帝的形象创造的，所以不会像动物那样易受冲动的情绪控制。改变了这一切想法的人是数学家凯特尔。

凯特尔出生于现在的比利时，这个国家在18世纪80年代和90年代饱受暴力冲击，经历了一段漫长的动荡时期。

凯特尔于1796年出生于根特，当时正经历一场宏大的政治戏剧性事件：这座城市的归属权从奥地利转到了比利时，然后在1790年再次回到奥地利，直到1795年被法国接管。凯特尔热爱数学和艺术——他成了一名数学老师，但也画画、写诗，甚至与数学家热米纳尔·丹德林合作创作歌剧。凯特尔说："的确，有人称赞过这部歌剧，但这并没有阻止丹德林在第二场演出后宣布，如果有人建议重演，他将是第一个反对的人。"1823年，凯特尔搬到布鲁塞尔，帮助那里建造一个新的天文台。他发现对于像他这样初出茅庐的天文学家来说，最需要了解的数学知识是统计学知识，他很快就开始讲授统计学，以及天文学和物理学的课程。

革命

1830年，革命席卷比利时，这使凯特尔本人陷入了一段充满不确定性的时期。国家动乱使他开始考虑是否可以科学地理解甚至控制社会的变化，并用自然法则来解释，就像他研究的行星的运动可以通过牛顿提出的运动定律和万有引力定律来预测一样。凯特尔从拉普拉斯和泊松的工作中了解到统计学可以应用于人类，于是他开始考虑统计学是否可以提供他所需要的方法。作为一名画家，他一直对人体各部位尺寸的浮动范围感兴趣，但现在他想知道人类的非物理属性是否也可以被测量，比如犯罪倾向。

数字的力量

凯特尔很快意识到，虽然想知道一个人为何要犯罪是不太可能的，但是通过统计学来研究导致犯罪的原因却是可能的，前提是有大量罪犯的足够数据，以便与非犯罪者进行比较。1831年，他出版了一本关于这个主题的小册子，他说："群体中的个体数量越多，个体意志对群体的影响就越弱，取而代之的是一系列取决于常规原因的常规事实，这些原因基于社会现实和个人习惯。"4年后，他发表了一篇关于同一主题的

1830年的比利时革命中，暴力席卷凯特尔的家乡。

大型报告，并提出了更强有力的观点："社会提供了罪恶，犯罪者只是执行犯罪的工具。"

激进的观点

这些观点激起了一些读者的怒火。既然犯罪率与年龄、财富、教育、性别，甚至一年中的时间等因素都有关，那是否意味着犯罪分子无法不犯罪？如果是这样，是应该惩罚他们，还是应该帮助他们？这个辩论主题在今天依然非常热门。尽管如此，在凯特尔生活的那个时代，即使是非常年幼的孩子也可能受到审判和被监禁。在今天，法律规定小于特定年龄（因国家而异）的人不能像年长的不法行为者那样因他们的行为受到指责或惩罚。

"平均人"

在物理学中，研究一个庞大而复杂的粒子群的行为方式的一种方法，是只考虑一个典型的粒子，就像早期在原子研究工作中研究中子一样。因此，凯特尔定义了一个用于计算的"平均人"，他具有平均身体特征和平均非身体特征（凯特尔将其描述为道德特征），后者包括犯罪倾向、自杀倾向和勇气等。凯特尔在分析人类群体方式上的见解引发了一场关于人类自身的革命。尽管人们已经知道，不同于个体的行为，群体的行为有其自身的规律，但是，我们可以科学地分析群体的行为来揭示出它的新特征，这种想法是新鲜而令人兴奋的。当今天我们使用"社会"这

凯特尔生活的那个时代的刑事法庭。

尽管这则广告证明了一些事情，但保险一直是一项基于计算不良事件发生概率的业务，凯特尔的工作被证明是无价的。

个词时，我们采纳的含义就是凯特尔定义的含义。

最后的革命

凯特尔死后很久，他的工作引起了另一次革命。在 19 世纪，许多穷人没有足够的食物，所以肥胖被认为是一件好事，是财富的象征。但是，随着医学知识的增加，人们逐渐意识到肥胖是不健康的。在 20 世纪 40 年代，金融机构开始销售人寿保险，因此计算人的预期寿命，以及预测健康与否对人的影响就变得至关重要。但是应该如何定义体重健康还是不健康呢？使用一个人的实际体重是行不通的，因为体重取决于身高和体脂率。目前最好的衡量标准是现在所谓的 BMI（Body Mass Index，体重指数），它基于正常体重与身高的平方成正比而得出。这种关系早在一个多世纪前就被凯特尔发现了。

在19世纪，如果你很胖，那么这证明你的生活过得不错。

参见：
▶ 生与死的问题，第32页
▶ 相关性，第122页

泊松分布

二项分布原是一种强大的随机事件建模方法，既适用于简单事件（例如掷3个骰子得到2个6点）也适用于复杂事件（例如选择最有希望的新药来治疗疾病）。但是此时一个大问题却出现了。

二项分布公式为

$$p(x)=\frac{n!}{(n-x)!x!}p^{x}q^{n-x}$$

其中 q 是不想发生的事件的概率。如果你掷一个骰子并希望得到3点，那么 p=1/6，q=5/6。但是诸如雷击或橄榄球触地得分之类的事件呢？你可以计算每场风暴的雷击出现的次数，或每场比赛的橄榄球触地得分数，但有多少场风暴没有雷击，每场比赛又有多少次触地没有得分呢？没有这些数字，我们就不能使用二项分布，取而代之的是泊松分布。

泊松坠入了爱河

泊松通过学习成为一名外科医生开始了他的医学教育生涯，但结果表明他笨手笨脚的，不适合与医学相关的工作。当他转向数学，在著名的巴黎综合理工大学（又译为巴黎综合工科学校）学习时，他终于找到了适合自己的职业，并且说："生活的好处只有两个，发现数学原理和教授数学知识。"泊松的老师包括当

西梅翁-德尼·泊松

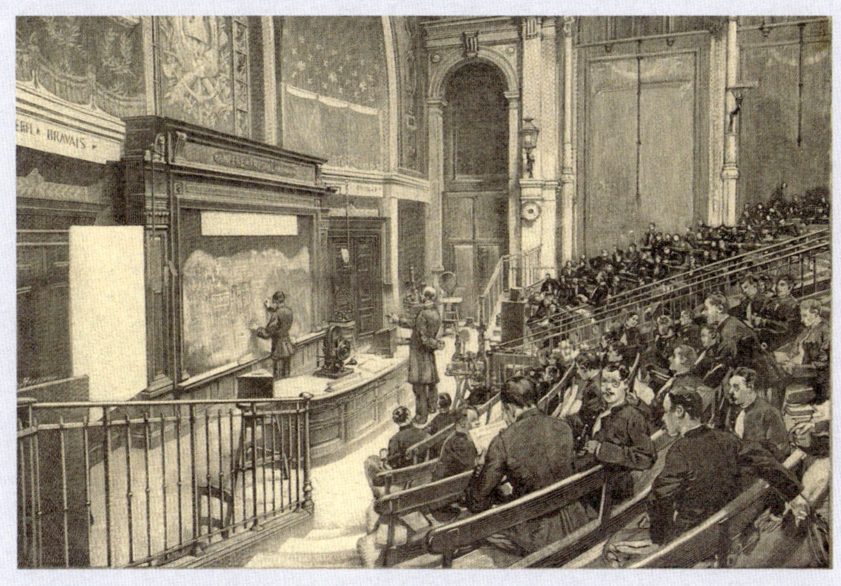

巴黎综合理工大学在过去和现在一直是法国首屈一指的工程与数学大学。

时的两位伟大数学家，拉普拉斯和约瑟夫－路易·拉格朗日。因为泊松的手指非常滑，抓不住东西，更别说还笨手笨脚的了，所以他无法画出需要几何水平很高才能画出的图表，但他擅长数学物理和统计学。虽然泊松对政治不感兴趣，但是他的确曾在 1804 年同学要发表对拿破仑皇帝的批评时，与同学发生争辩。因为泊松担心同学的做法会扰乱学校的数学教学秩序。但拿破仑却认为他找到了一个新的支持者，后来还帮助泊松加入了新成立的科学学院。泊松写了 300 多篇科学论文，他是所有伟大思想家中十分富有条理性、组织性的一位。为了避免同时进行多个重大研究项目造成混淆，他会记下每个新的灵感，并将笔记保存在钱包中。当每个新发现都被完好地记录下来并准备发表时，他会仔细阅读笔记以选择他的下一个改变世界的项目。

约瑟夫－路易·拉格朗日

拉普拉斯

莱昂哈德·欧拉

e

泊松用自然常数 e（有时也被称作欧拉数）计算随机事件的分布。e 隐藏在许多自然事件的背后。e 的推导方法有很多。下面这种方法基于随机事件发生的概率。想象一下，你被要求玩 3 个游戏中的一个。你怎么确定玩哪一个最有可能赢？第一个游戏很简单：你抛硬币两次，至少得到一次正面朝上就赢了。第二个游戏是用一个 4 个面分别为红、绿、蓝、黄色的四面体来玩。你抛 4 次，如果它至少有一次落下后红色面朝下，你就赢了。

最后一个游戏是，有一个 26 面的骰子，上面标有字母表中的所有字母，你可以掷 26 次，掷出 Z 就赢了。你应该选择哪个游戏？有一个公式可以解决这个问题：在每种情况下，回合数与可能结果数相同。如果设回合数为 N，那么获胜的概率［称之为 P(获胜)］为

$$P(\text{获胜})=\left(1-\frac{1}{N}\right)^N$$

所以，对于抛硬币游戏，有两个回合，每次抛完有两种可能的结果（正面朝上或反面朝上），所以

$$P(\text{获胜})=\left(1-\frac{1}{2}\right)^2$$

也就是 $(1-0.5)^2=0.5^2=0.25$。

对于抛四面体游戏，有 4 个回合，4 种结果，所以

$$P(\text{获胜})=\left(1-\frac{1}{4}\right)^4=(1-0.25)^4$$

$$=0.75^4\approx0.3164$$

对于掷 26 面骰子游戏，公式如下：

$$\left(1-\frac{1}{26}\right)^{26}\approx0.3607$$

我们可以看到，掷 26 面骰子游戏中，随着 N 的增加，P(获胜) 的值增大，所以掷 26 面骰子游戏是最好的选择。

四面体骰子有4个面，因此得分为1~4。

从概率到e

虽然P(获胜)较大，但对于掷 26 面骰子游戏来说，其获胜概率并不比抛四面体游戏的多多少。如果我们计算随着N进一步增加会发生什么，会发现P(获胜)几乎没有变化：

$$P(\text{获胜})_{(N=100)}=\left(1-\frac{1}{100}\right)^{100}\approx 0.3660$$

$$P(\text{获胜})_{(N=1000)}=\left(1-\frac{1}{1000}\right)^{1000}\approx 0.3677$$

$$P(\text{获胜})_{(N=1000000)}=\left(1-\frac{1}{1000000}\right)^{1000000}$$

$$\approx 0.3679$$

P(获胜)正在逼近的数约是 0.36787945，这个数在概率论和其他学科很常见。更多情况下，我们使用的是这个数的倒数，约为 2.71828，用字母 e 表示。e 可以完全根据阶乘定义：

$$e=\frac{1}{0!}+\frac{1}{1!}+\frac{1}{2!}+\frac{1}{3!}+\frac{1}{4!}+\cdots$$
$$=\frac{1}{1}+\frac{1}{1}+\frac{1}{2}+\frac{1}{6}+\frac{1}{24}+\cdots$$

从e到泊松分布

从 e 到泊松分布的过程非常复杂，但可以通过一种类似“投机取巧”的方式来简化。首先，我们必须找到一个公式，将 e 提升到任意次幂（称之为 λ 次幂）。最简单的方法是使用前文的阶乘公式，并将整个公式提高到 λ 次幂：

$$e^{\lambda}=\left(\frac{1}{0!}+\frac{1}{1!}+\frac{1}{2!}+\frac{1}{3!}+\frac{1}{4!}+\cdots\right)^{\lambda}$$

$$=\frac{\lambda^0}{0!}+\frac{\lambda^1}{1!}+\frac{\lambda^2}{2!}+\frac{\lambda^3}{3!}+\frac{\lambda^4}{4!}+\cdots$$

现在，利用这一公式进行推导：任何概率分布之和为 1。我们使用 e^{λ} 作为新概率分布的基础，所以必须确保 e^{λ} 等于 1。遗憾的是，e^{λ} 的数值在小数点之后永无尽头，并不等于 1，所以情况变得很棘手。只有通过投机取巧采取一些措施，上述 e^{λ} 的公式才解释得通。所以我们规定，在任何分数中，不管n是什么，$n/n=1$。

令$n=e^{\lambda}$，所以$\frac{e^{\lambda}}{e^{\lambda}}=1$。

将上述等式两侧同时除以 e^{λ}，可得

$$\frac{e^{\lambda}}{e^{\lambda}}=\frac{\left(\frac{\lambda^0}{0!}+\frac{\lambda^1}{1!}+\frac{\lambda^2}{2!}+\frac{\lambda^3}{3!}+\frac{\lambda^4}{4!}+\cdots\right)}{e^{\lambda}}=1$$

然后简化式子：

$$\frac{\lambda^0}{0!e^{\lambda}}+\frac{\lambda^1}{1!e^{\lambda}}+\frac{\lambda^2}{2!e^{\lambda}}+\frac{\lambda^3}{3!e^{\lambda}}+\frac{\lambda^4}{4!e^{\lambda}}+\cdots=1$$

于是该级数就定义了泊松分布。

泊松概率

λ 等于我们感兴趣的事件发生的平均值，例如每场风暴中的平均雷击次数。级数的项告诉我们不同雷击次数的概率。带有0的第一项是指事件不发生的概率。例如，如果每场风暴中的平均雷击次数为3，那么通过将第一项中的 λ 改为3来计算没有雷击的风暴的概率，可得

$$P(0)=\frac{3^0}{1\times e^3}=\frac{1}{(2.718281\cdots)^3}$$

$$\approx\frac{1}{20}=0.05\times100\%=5\%$$

事件发生的数量	0	1	2	3	4	n
该数量下事件发生的概率	$\frac{\lambda^0}{0!e^\lambda}$	$\frac{\lambda^1}{1!e^\lambda}$	$\frac{\lambda^2}{2!e^\lambda}$	$\frac{\lambda^3}{3!e^\lambda}$	$\frac{\lambda^4}{4!e^\lambda}$	$\frac{\lambda^n}{n!e^\lambda}$

我们可以将上述级数简写为

$$P(x)=\frac{\lambda^x}{x!e^\lambda}$$

在一些教材中，通常写为

$$P(x)=\frac{\lambda^x e^{-\lambda}}{x!}$$

从字母到数字

现在我们要做的就是计算出级数中每项的值。假设我们研究了1000场风暴，发现平均每场风暴中有3次雷击。所以 e^λ 变成了 e^3，大约是20。因此，我们可以用20代替公式中的 e^λ。

$$\frac{1}{1\times20}+\frac{3}{1\times20}+\frac{9}{2\times20}+\frac{27}{6\times20}+$$

$$\frac{81}{24\times20}+\cdots=1$$

最终计算出的值大致如下：

$$0.05+0.15+0.225+0.225+0.169+\cdots=1$$

式中左侧是每场风暴有0、1、2、3和4等次雷击的概率。这意味着在1000场风暴中，我们应该预计有大约50场风暴中没有雷击，150场风暴中有1次雷击，225场风暴中有2次雷击，同样，也有的225场风暴中有3次雷击，169场风暴中有4次雷击，其余（即181场风暴中）有超过4次雷击。绘制概率图（并进一步扩展计算以给出更多雷击的概率），得到泊松分布的形状。

与正态分布和二项分布不同，泊松分布不是对称的，其形状会根据其值而变化。

对页右下方的图显示了 λ=1（蓝色）、3（红色）和5（绿色）时的泊松分布。

准确预估

采用泊松分布公式得出的结果有着惊人的准确率。在第二次世界大战中，伦敦遭到空袭，敌人采用了一种装有炸弹的无人驾驶飞机，一路飞行直到燃料耗尽后坠毁爆炸。这些炸弹有多“聪明”？它们是随机掉落的吗？还是说它们是为了击中特定目标而瞄准和定时爆炸的？为了找出答案，研究人员记录了伦敦576个同等规模地区的被击中次数，并用泊松分布进行了比较。结果非常清楚地表明，炸弹随机落下。

被击中次数n	0	1	2	3	4	>4
被击中n次的地区的数量	229	211	93	35	7	1
泊松分布预测值	226.7	211.4	98.6	30.6	7.1	1.6

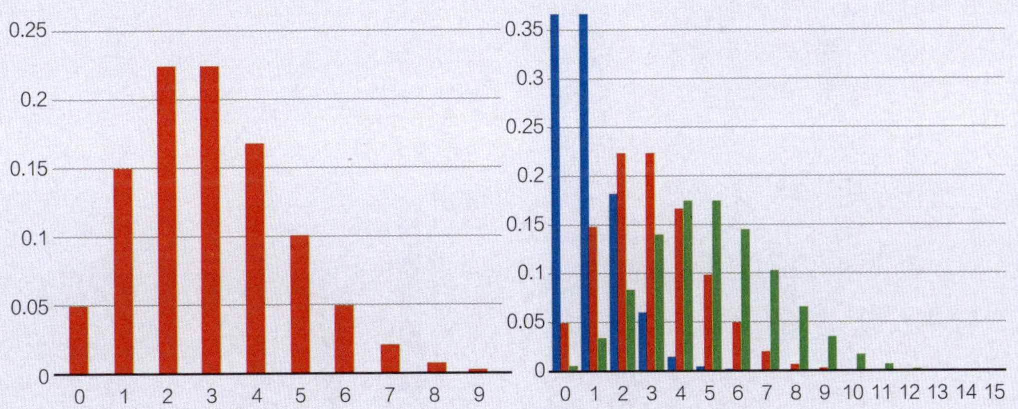

哇！

1898 年，俄国统计学家，同时也是骑兵部队的一名上校拉迪斯劳斯·博特凯维奇，将泊松分布应用到普鲁士军队中因被马踢而死亡的人数的分析上，从而声名大噪。下方是 20 年来因被马踢而死亡的人数的统计表。

年份	死亡人数
1875	3
1876	5
1877	7
1878	9
1879	10
1880	18
1881	6
1882	14
1883	11
1884	9
1885	5
1886	11
1887	15
1888	6
1889	11
1890	17
1891	12
1892	15
1893	8
1894	4

乍一看，有些数字可能有点奇怪。为什么 1880 年情况这么糟糕？为什么 1889—1892 年情况也这么糟糕？为什么第一年和最后一年的死亡人数较少？这些问题的出现都是因为我们人类天生倾向于在数据中寻找某种模式和意义。也许这些问题会让一个不太懂数学的上校对“好年份”和“坏年份”进行调查和询问，但博特凯维奇在不离开办公室的情况下也能回答所有这些问题。他分别研究了 14 个骑兵部队，记录了每个部队 20 年来每年的死亡人数，得出 14×20 =280 个组合。

然后，他计算了无人死亡、1 人死亡等的所有组合，并将结果（如下图中蓝色柱形所示）与利用泊松分布得到的预测（如下图中黄色柱形所示）进行了比较。

正如下图所示，这种分布是完全随机的。博特凯维奇还将泊松分布应用于自杀率的分析，并发现这类数据也是随机的（对于他选择的时间和地点来说）。因此，就像凯特尔（详见第 97 页）一样，他表明，即使是出于非常特殊和极不寻常的原因而发生的事情，例如自杀或谋杀，在某种程度上也是随机的，这就引出了人们对自己行为的控制力到底有多大的问题。

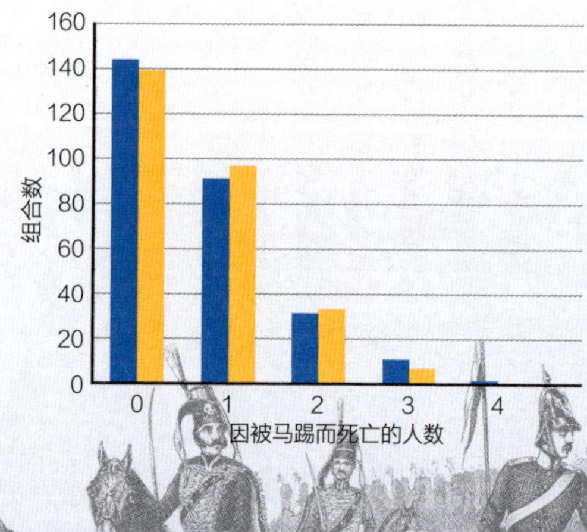

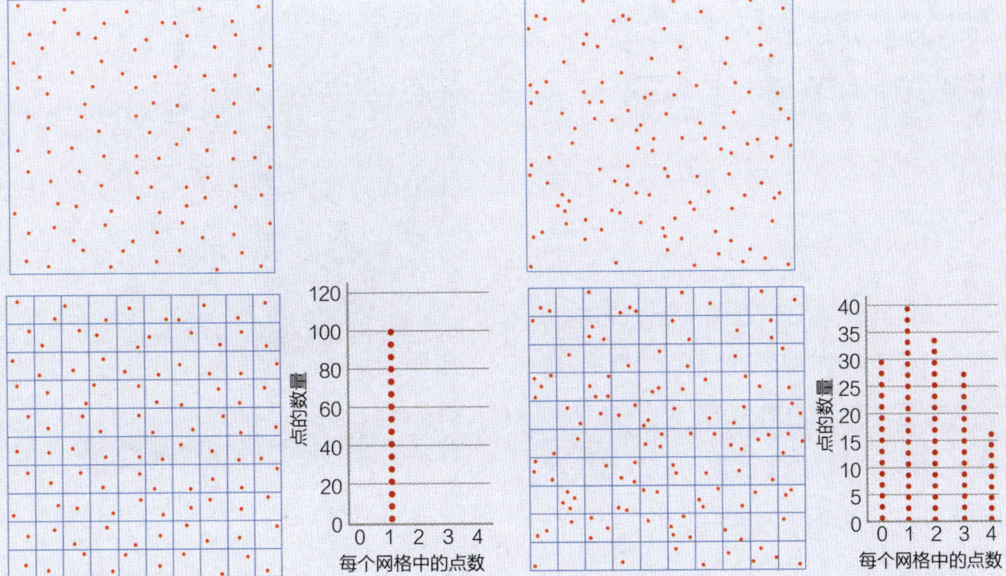

泊松点

有些事人类天生就不擅长，比如识别一件事情的发生是否随机。你认为上方显示的两个图案哪一个中点的分布更随机？多亏了泊松，我们才能回答这个问题。我们给这两个图案加上网格，计算每个网格里的点数，并绘制每种情况下的分布图。由带网络的图案我们能得出答案。（每种情况右边的小图显示了点的分布。）其中，左边的图案里每个网格中有一个点，这是非常不可能的，而右边的图案非常接近泊松分布。医学和法医实验室的实验人员常常采用这种图案分析方法。例如，血液中的一些细胞和细菌会形成群落，而关于这些群落的信息对于诊断疾病很重要。血细胞计数器是上面有网格的载玻片，可在显微镜下进行观察。实验人员可计算每个网格中的细胞数量，并将它与利用泊松分布所得的结果进行比较。通过这种方法，可以识别那些不是偶然或随机产生的群落。泊松分布还用于通过预测车辆的到达时间来分析交通流量，或预测电子邮件送达接收方计算机的时间分布情况，以确保有能力应对随机出现的繁忙时段。

参见：
▶ 非参数统计，第140页

离群值

在正态分布和其他大多数分布中，概率随着距离中心越来越远而逐渐降低。但它永远不会完全降为0。这反映了任何事件都有可能发生的现实：掷6个骰子并得到6个6点的概率很小，但也不是不可能。

在欧洲人抵达澳大利亚之前，他们看到黑天鹅的概率一度被认为非常低，但澳大利亚的天鹅是黑色而不是白色的。

统计学是用来解决现实世界的问题的。如果有人真的掷出6个6点，你可能会怀疑骰子或掷骰子的人是否有问题。所以问题是，在我们确定事件不是偶然发生的之前，某事不可能发生的概率有多大？

样本和总体

出现异常结果的原因有很多。如果有人感染了流感并在两天后有所好转，那可能是因为他们的免疫水平比平均水平要高得多。但也可能是他们从未得过流感，只是普通感冒。在统计学中，这意味着他们实际上可能不是特定目标总体（即“流感患者”总体）的一员。从错误的总体中收集数据对于调查来说可能是一个严重的问题。假设你想知道学生有多高，你在学校里留了一堆表格让他们填。你可能会得到如对页上图所示的结果。68英寸（1英寸=2.54厘米）和70英寸高的两个人似乎与大多数人的身高不同，这种值被称为离群值。

儿童身高测量是一项在不断壮大的生意！

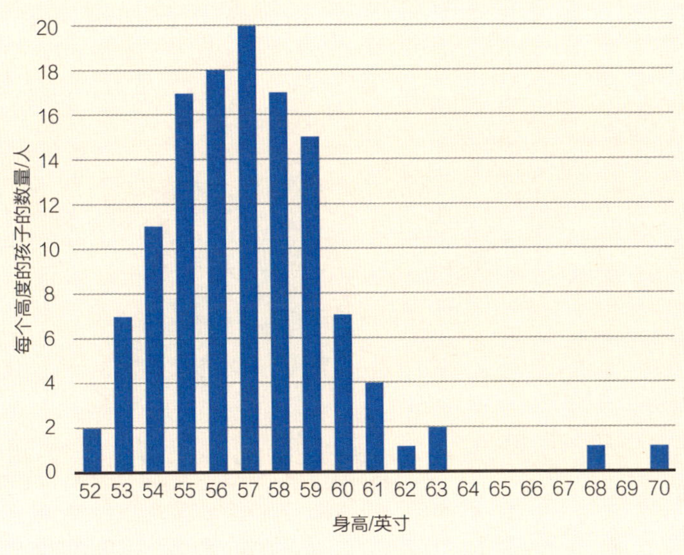

位老师按照指示填写的自己的身高。在这种情况下，你错误地在两个群体（成人和儿童）中采了样。

发生了什么

出现这些离群值至少有3个可能的原因。第一种，学校里可能确实有两个比其他人高得多的孩子。如果有，并且如果你做这个调查的原因是你需要为学校订购新椅子，那么情况可大有不同了，你需要订购足够大的椅子来给最高的孩子坐。第二种，离群值也可能是误差。可能是那两个孩子测错了身高，或者写错了身高，又或者是你可能误读了他们填写的身高表格，或是数据输入错了。第三种，数据可能完全正确，但它们是两

在右图中找出“离群人”。

皮尔斯的英雄一日

本杰明·皮尔斯是一个以冷静著称的人。他在哈佛大学当了50年的讲师，每天都在黑板上默默地写字，不停顿、不解释，也几乎不看讲台下是哪个班级。1858年的一天，皮尔斯的冷静成了“救命稻草”。他当时正在马萨诸塞州的菲奇堡参加一场由菲尼亚斯·T. 巴纳姆组织的音乐会，巴纳姆是一位以表演盛大的娱乐节目而闻名的演员。这场音乐会由一位名叫珍妮·林德的瑞典歌手担任主唱，她之所以非常出名，在某种程度上归功于巴纳姆的宣传。这是她在美国的最后一场音乐会，巴纳姆卖出了所有能卖的门票，远远超过了场地能容纳的人数。巴纳姆订了间他能找到的最大的“音乐厅”，但那并不是什么特别好的场所，实际上只是火车站的一个大房间。

每隔几分钟，蒸汽火车就会从脆弱的地板下面经过。随着演出开始，越来越多的人挤进来，房间内的温度升高了，人们烦躁不安的情绪也变得强烈，地板开始出现下陷，并吱吱作响。当人们打破窗户想凉快凉快时，恐慌的情绪开始蔓延；如果皮尔斯没有走向桌子并爬到桌子上，恐怕就会发生骚乱。他站在那里，一动不动，一言不发，渐渐地，人们的恐慌情绪开始消散，直到他的声音被众人听见。然后他指出，如果每个人都保持安静，那么一切都会好起来。人们真的就这样做了。最终，音乐会取得了巨大的成功。

演出中的珍妮·林德。

处理离群值

有3种方法可以用来处理离群值。

1. 检查数据。寻找打字和阅读中引入的错误，确认其没有被其他总体样本污染。

2. 选择别的统计量。如果你更关注

中心值[1]，那么最简单的解决方法是避免使用平均值作为中心值，而是使用众数或中位数。例如，数字 16、17、18、19、19、19、19、20、21、21、31 的平均值是 20，但如果将 31 作为离群值排除，则平均值会下降到 18.9。然而，无论是否包括 31，数据的中位数都是 19，众数也是 19。

3. 使用统计方法来检验。遗憾的是，可供选择的统计方法太多了，而且都非常复杂，并且它们会得出不同的结果——这表明离群值十分“狡猾”。

皮尔斯准则

1852 年，美国统计学家皮尔斯发明了一种最普遍和最简单的离群值检验方法。下面介绍它的具体应用。

首先，计算数据的平均值和标准差。对于上述数据，平均值和标准差分别是 20 和约 3.77。从平均值中减去可疑值。如果答案是负数，请忽略负号。对于上述数据，则是 20−31＝−11，所以我们取 11。然后用它除以标准差，即 11/3.77 ≈ 2.92。下一步是计算皮尔斯所说的 *R* 值。计算过程非常复杂，但幸运的是有表格能查，一部分表格如左下方所示。我们根据样本的大小，即 11 来查找 *R* 值，对应的 *R* 值为 1.925。如果利用可疑值计算得出的值（即 2.92）大于这个值，就意味着可疑值是一个离群值，可以安全地舍弃。这种方法的应用大致就是这样。

观察值	*R*值
3	1.196
4	1.383
5	1.509
6	1.610
7	1.693
8	1.763
9	1.824
10	1.878
11	1.925
12	1.969
13	2.007
14	2.043

图中站着的那位是皮尔斯，他正在与确定冰期的地质学家路易斯 · 阿加西斯讨论问题。

参见：
▶ 相关性，第122页
▶ 比较和对比，第146页

[1] 译者注：中心值是用于表示数据集中趋势的数值，通常指平均值、中位数或众数。

随机性

随机性在统计学中很常见。例如，调查必须是随机的。而且，如果我们要寻找两个事物（比如人的身高和体重）之间的联系，就需要知道当它们没有联系时数据是什么样子的，这其实很难做到。

随机性对我们来说很重要。如果你要买彩票、赌硬币落下时哪面朝上，或者掷骰子来决定游戏中的下一步，你依赖的都是结果的随机性。随机数字在信息编码中是必不可少的，这样互联网上的金钱往来才会安全。甚至正确定义随机性很困难，就像很多常用的数学术语一样，“随机”对统计学家和对其他人来说含义可能并不一样。对统计学家来说，它有两个关键特征：随机序列没有规律，随机事物不可预测。

无规律事物

数据中的规律很容易被识别，并且研究人员已经开发了大量统计方法来帮助人们识别。但是我们怎么才能识别无规律事物呢？下面这一组数字有规律吗？

9、7、0、2、3、1、6、4、8、5、3、1、9、7、5、8、6、4、2、0、1、8、6、3、5、7、4、0、9、2。

尽管每个数字都与其邻近数字无关，但其有两种规律：每个数字恰好出现 3 次，每组 10 个数字包含数字 0 到 9。实际上对于无规律事物来说，还没有已知的方法能够对其进行识别。

美国的老式彩票。

火星人？

在 19 世纪后期，大多数天文学家认为火星上存在着先进的文明，因为他们认为自己通过望远镜在火星上看到了一个网状系统，天文学家认为这个系统是由“火星人”专门建造的运河组成的。事实上，没有这样的事情。即使是训练有素的天文学家也会被视觉造成的某种假象所愚弄，这种假象由随机点、斑块和模糊物连接在一起形成的实际上并不存在的线条构成。

不可预测性

对于不可预测性，同样没有测试方法。你能预测这个序列（1、5、9、2、6、5、3、5）中的下一个数字吗？答案是 9。它们是 π 中的数字，其下一个数字是 9。然而，π 是一个超越数，这意味着它这个无限不循环小数没有规律可循。

计算机的随机性

由于当今很多数学运算过程都是由软件执行的，因此可生成随机数是大多数计算机系统的一个重要特征。但是没有数学表达式可以生成随机数，这意味着随机数必须以某种方式，从现实世界输入计算机。这并不简单。1957 年，一种名为 ERNIE（Electronic Random Number Indicator Equipment，电子随机数指示器设备）的机器作为溢价债券系统的核心而闻名英国。溢价债券系统是一种通过人们购买政府债券来弥补政府财政赤字，并以定期奖金奖励作为对人们的激励的系统。获奖者是通过随机选择特定债券的号码来选出的。ERNIE 是生成数字的机器，它的成本按现在的价格水平计算约 60 万英镑。尽管它通常被称为计算机并被描述为超级智能，但实际上，生成随机数是 ERNIE 唯一能做的事情，并且要花 52 天的时间来完成。

自1957年以来，在英国ERNIE一直用于产生随机中奖号码。图中是1972年的ERNIE 2，而今天的ERNIE 5生成随机数的速度相比ERNIE 2快了21000倍。

伪随机数

现在有两种随机数生成器：伪随机数生成器和真随机数生成器。伪随机数生成器（Pseudo Random Number Generator，PRNG）通常基于存储的数字列表，在计算机中生成随机数，于1890年到1950年产生。PRNG的主要特征是它生成的长随机数序列可以重复。这对于软件开发来说通常是必不可少的：如果你的交互式视频游戏中的云朵图案是随机生成的，那么在你开发游戏时，肯定希望确保图案在每次使用时都以相同的方式呈现。PRNG的一个问题是它在不同的操作系统中的行为略有不同。例如，如果在GNU/Linux系统中使用Web编程语言PHP（Page Hypertext Preprocessor，页面超文本预处理器），它会生成非常普通的随机数。但是如果在Microsoft Windows中使用，它会生成具有独特模式的数字列表。

熔岩灯不可预测的形状启发人们创建了一种生成随机数的方法，用于互联网加密。

真随机数

真随机数生成器（True Random Number Generator，TRNG）通常使用某种物理过程来生成随机信号，然后将其转换为数字。ERNIE 使用由霓虹灯发出的放大的噼啪声，一些现代仪器使用放射性化学物质，产生不可预测的能量爆发。TRNG 用于在事先不可能知道结果的应用程序，例如概率游戏程序中。如果只需要生成少量随机数，则可以使用纯物理手段，例如彩票或体育比赛的抽奖环节。不仅结果必须是随机的，同样重要的是，人们可以看到的产生随机结果的方法也必须是随机的，所以在生成随机数过程中避免使用计算机也是一种优势。

伽利略的骰子

寻找随机数的古老方法是掷骰子，除了能作弊的骰子外，单个骰子将可靠地生成 1 到 6 之间的随机数。要获得更大范围的随机数，可以掷多个骰子，还要考虑到得到不同总点数的概率不同：因为只有一种骰子组合可以产生最多或最少点数，所以它们最不可能出现。

掷骰子是世界上最古老的概率游戏之一，它基于完全随机的投掷动作。

如何应用？

对数

对数出现在科学和数学的许多领域，10 的平方，也叫“10 的 2 次方”，可以写成 10^2，等于 100；10 的立方，也叫“10 的 3 次方”，可以写成 10^3，等于 1000。我们还可以算出 10 的其他次方的值，例如，$10^{0.30103} \approx 2$。在这些数中，10 的次方数被称为对数，以 10 为底 2 的对数约是 0.30103，以 10 为底 100 的对数是 2，以 10 为底 1000 的对数是 3。大多数计算器和手机都有对数计算功能。尽管 10 是最常见的，但有时，除了 10 以外的数字也用来形成对数，如 $2^3=8$，其中 3 叫作以 2 为底 8 的对数，2 叫作对数的底数。因此，你可能会发现，清楚起见，以 10 为底数的对数通常用“$\log_{10}$”或“lg”来表示。

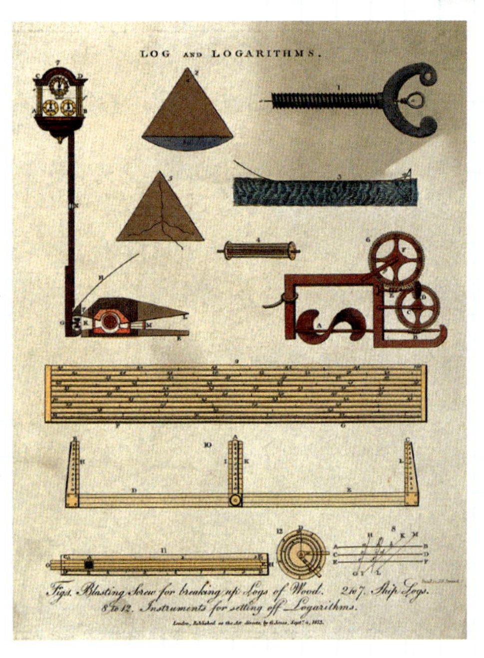

对数通常缩写为log，在处理对数时不要将对数和“原木”“航海日志”混淆（英语中这3个词皆为log）。本图将帮助你识别原木、航海日志这两种东西和制作它们所需的工具。

遗憾的是，正如伟大的意大利科学家伽利略·伽利雷在 1576 年首先解释的那样，在计算这些概率时人们很容易犯一个错误。在他生活的那个时代（也许今天也一样），大多数人会说掷 3 个骰子得 9 点的概率和得 10 点的概率是一样的，因为掷 3 个骰子获得 9 点的方法有 6 种：

6+2+1、5+3+1、5+2+2、4+4+1、4+3+2、3+3+3。

也有 6 种方法可以获得 10 点：

6+3+1、6+2+2、5+4+1、5+3+2、4+4+2、4+3+3。

但实际上，还有更多的方法可以获得 9 点或 10 点。如果我们使用不同的颜色来表示 3 个不同的骰子，这一点就很清楚了。我们可以看到，例如，6、2、1 可以以 6 种不同的方式出现：

1+2+6、1+6+2、2+1+6、2+6+1、6+1+2、6+2+1。

这是真正的对数表吗？本福特定律对此也无济于事，因为这些数字不是随机的。

这意味着实际上有 27 种方法可以获得 10 点，而获得 9 点的方法有 25 种。所以获得 10 点的概率比获得 9 点的稍大。

真实数据？

想要获得一组随机数，用掷骰子的方法太慢了，而且难以自动化，获得的数据也没办法高效输入计算机。一种简单的方法是使用一些已经可用并且应该是随机的数据。例如，网上有许多电费账单，一个非常诱人的随机数来源可能只是使用抄表数的第一位数字。当然，有多少读数以 1 开头，就有多少以 2 或 9 开头，所以能得出 10 个完全不同的随机数吗？如果需要更多随机数，我们可以使用抄表数的前两位或 3 位数字。遗憾的是，这与事实相去甚远：数字更可能多以 1 开头而不是以 9 开头。这被称为本福特定律（也称本福特法则），该定律以美国物理学家弗兰克 · 本福特（又译为弗兰克 · 本福德）的名字命名，他在 1938 年对其进行了分析，但该定律是他的美国同事西蒙 · 纽科姆在 1881 年首次提出的。在使用一本对数表的书时，本福特注意到第一页比最后一页更脏，这意味着使用这本书的其他人一定使用以 1 开头的数字比使用以 9 开头的数字更频繁。本福特定律适用于人口规模、房价、出生率和许多其他类型的数据。因为金融数据通常遵循本福特定律，所以它被用来识别逃税者：当人们诚实地报告他们的收入时，这些数据遵循本福特定律，但如果他们只是简单地编造数据，就会背离本福特定律。

参见：
► 排列与组合，第20页
► 谬误，第168页

回 归

使用最小二乘法很容易检验一条线与一组数据的拟合程度。然而，我们通常需要找的是所有线里拟合得“最佳”的那条。对此，可用的统计方法是回归分析。

通过回归分析可以找到任何形状的最佳拟合线，但是应用到直线上是最简单的。任何直线的一般方程是$y=mx+c$，其中

96 NATURAL INHERITANCE. [CHAP.

the Table so far as it now concerns us. The horizontal dotted lines and the graduations at their sides, correspond to the similarly placed lines of figures and graduations in Table 11. The dot on each line shows the point where its M falls. The value of its M is to be read on the graduations along the top, and is the same as that which is given in the last column of Table 11. It will be perceived that the line drawn

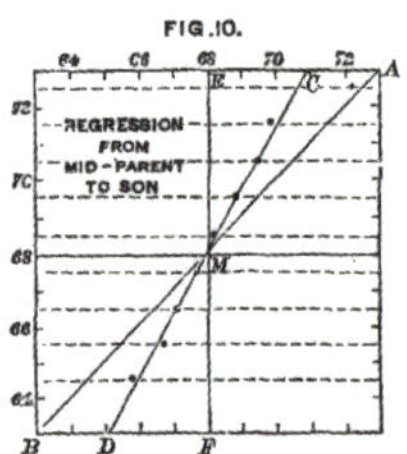

through the centres of the dots, admits of being interpreted by the straight line C D, with but a small amount of give and take; and the fairness of this interpretation is confirmed by a study of the MS. chart above mentioned, in which the individual observations were plotted in their right places.

Now if we draw a line A B through every point where the graduations along the top of Fig. 10, are the same as those along the sides, the line will be straight and will run diagonally. It represents what the Mid-

回归是高尔顿的创意，他是一位将统计学应用于人类生活的英国研究人员。

高尔顿在他1889年的著作《自然的遗产》中，对子女和父母的身高进行了回归分析。

m是直线的斜率，c是截距，即直线与纵轴的交点的纵坐标值。为了定义一条特定的直线，要用数字替换m和c。

回归表达式

要找到某些数据的最佳拟合直线的m和c的值，需要关于m和c的计算公式，该公式包含我们拥有的所有数据。公式如下：

$$m=\frac{N\Sigma(xy)-\Sigma x\Sigma y}{N\Sigma(x^2)-(\Sigma x)^2}$$

$$c=\frac{\Sigma y-m\Sigma x}{N}$$

其中，N 表示数据量，Σ 表示总和。想知道 Σ 如何使用，以及如何证明使用这些公式可以得出我们想要的直线，可以将它们应用于一些实际的数据上。

波浪

虽然海上波浪的高度受许多因素的影响，但最重要的因素通常是风速，如下面的数据所示。通过将计算 m 和 c 的公式应用于以下数据（注：1 英里≈ 1.6 千米，1 英寸 =2.54 厘米），我们可以看到直线的拟合效果很好。

风速x/(英里・时$^{-1}$)	浪高y/英寸
10	8
21	16
29	25

首先，我们列出求 m、c 的公式中将使用的各项：

xy，x 与 y 的积；

x^2，x 的平方；

Σx，x 的总和；

$(\Sigma x)^2$，Σx 的平方；

Σy，y 的总和；

$\Sigma(xy)$，xy 的结果之和；

$\Sigma(x^2)$，x 的平方之和。

它们的值是

x	y	xy	x^2
10	8	80	100
21	16	336	441
29	25	725	841
$\Sigma x = 60$ $(\Sigma x)^2 = 3600$	$\Sigma y = 49$	$\Sigma(xy) = 1141$	$\Sigma(x^2) = 1382$

然后将它们代入求 m 和 c 的公式中：

$$m=\frac{N\Sigma(xy)-\Sigma x\Sigma y}{N\Sigma(x^2)-(\Sigma x)^2}=\frac{3\times1141-60\times49}{3\times1382-3600}=\frac{483}{546}\approx0.88$$

$$c=\frac{\Sigma y-m\Sigma x}{N}=\frac{49-0.88\times60}{3}\approx-1.3$$

这样就可以得出我们想要的直线的方程：

$$y=0.88x-1.3$$

将这条直线与数据一起绘制成图，便可知道它拟合得很好。

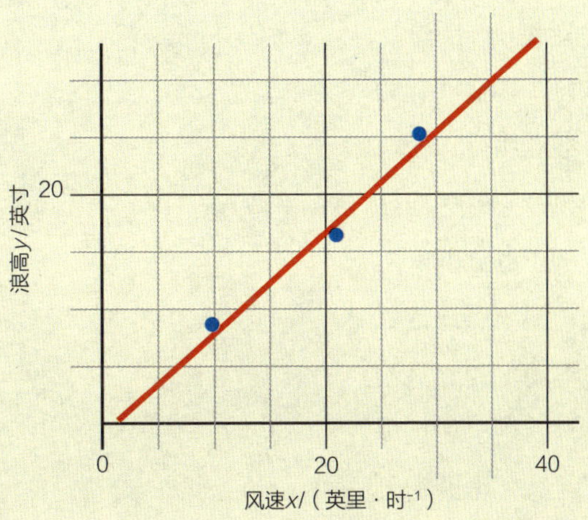

只问怎么做，别问为什么

虽然我们可以看到这种方法有效，但是不清楚原因是什么，连发明它的高尔顿自己都不知道。高尔顿将自己对生命科学的兴趣与对数字的热爱结合在一起，他曾接受一段时间的医学培训，随后到剑桥大学学习数学。1844 年，父亲的去世对高尔顿来说“恰逢其时”。因为已经精通数学的他突然有了财富，可以做任何他想做的事，其中一个就是研究我们现在称为人文地理学的学科。他在非洲和亚洲旅行，观察、研究、评估他在那里遇到的人。（高尔顿还尝试写游记和天气预报，并于 1875 年绘制了早期的天气图。）

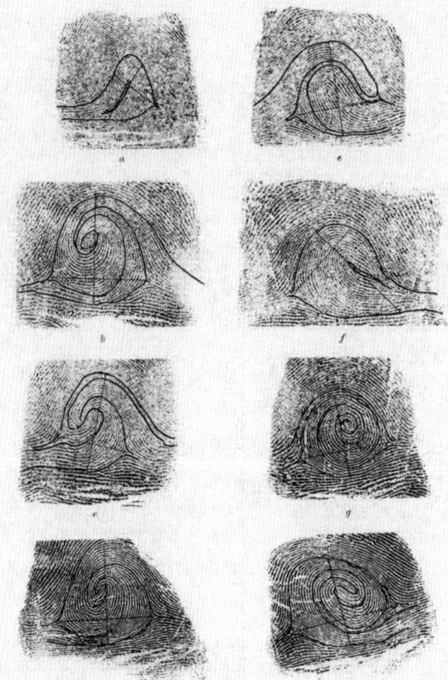

高尔顿归纳出了指纹的共同特征，这些特征现在仍然被用来识别人类。

遗传之谜

高尔顿想知道，世界上不同地区的人之间的身体差异如何在许多代之后仍然保持不变。为什么孩子和他们的父母如此相似？究竟是什么从上一代传给了下一代？有一段时间高尔顿认为指纹可能是关键，他开发了至今仍在使用的指纹分类系统。他还尝试通过合并个人照片来定义不同人类“类型”（如罪犯）的面孔。但是，就他的研究目的而言，这两个方向都是“死胡同”。许多科学家都在苦苦探索遗传的奥秘。高尔顿的表兄是生物学家查尔斯 · 达尔文，他研究出了进化的过程，并于 1859 年发表了他的理论。进化与否取决于孩子是否继承了父母的特征。现在我们知道这些特征是由一种叫作 DNA 的复杂化学物质传递的，它存在于我们身体的所有细胞中。然而，想要揭示 DNA 的功能，19 世纪的科技还有很长的路要走。

两条改变的路线

高尔顿意识到他研究的问题很复杂，因为并非所有特征都是在生物学角度上由父母传给孩子的。例如，语言就不是，又例如智力或勇气等某些特征也很难确定。高尔顿创造了“先天”和“后天”这两个词来描述这个基本问题。他收集了大量的观察结果，包括在课堂上坐立不安的人，以及他的朋友的脾气这类数据。他非常清楚在自己有生之年，无法观察到他想观察的一切，所以，像布丰一样，他决心不再睡太多觉。他甚至发明了一种让自己保持清醒的装置，称为“进取者苏醒器”（gumption reviver）。该装置用来在他倒下时将水滴在他的头上。（他还发明了可以在水下看报纸的眼镜，但没有发明出防水报纸。）

豌豆的子代

为了避开“先天-后天”问题，1880年，高尔顿开始研究一个课题，将甜豌豆种子的大小与亲本植株的大小进行比较，他确信这些特征是通过遗传物质传递的。这开启了他对回归理论的研究之路，当时他试图证明数据集之间存在联系（称为相关性）。最终，他所采取的科研手段变得非常复杂、巧妙，可是他总是把统计学当作工具，而不是当作研究对象本身。他还想出了一套先进的统计方法，用于证明人们的祈祷是否有效。（他证明祈祷无效。）高尔顿对统计学的运用十分简单，他倾向于针对每个新问题开发特定的解决方法。事实上，如果他从他的数据中抽出身来，并考虑它们的共同点，他无疑会想出现在称为相关性的强大方法。如今，没人会在不先了解相关性的情况下开始尝试分析回归问题，但是，相关性这个概念直到几年后才被皮尔逊准确定义。

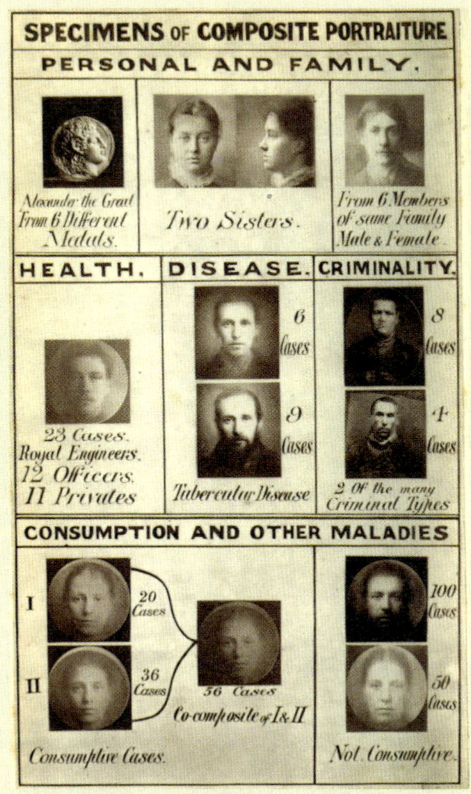

高尔顿感兴趣的工作是将身体特征（通常是面部特征和头部形状）与健康和道德等无形特征联系起来进行研究。

参见：
▶ 你能活多久，第34页
▶ 数据的形状，第38页

相关性

高尔顿提出的回归方法非常强大，可以为一组数据拟合出一条最佳拟合直线。但是，你可能意识到，该方法有些地方并不是十分正确，在弄清楚之前，我们大可不必将它应用到各种不同的数据集上。

以下方显示的3张图为例。在每种情况下，应用回归方法都找到了最佳拟合直线，且都显得非常巧妙、整洁，但我们通常出于某种原因才进行统计，并且进行线性拟合通常是为了找到与两个变量相关的方程。假设在这3张图中，有3种实验性新马铃薯肥料——产品甲、产品乙和产品丙，横轴表示剂量，纵轴是以质量百分比形式表示的额外作物产量。第一张图显示产品甲作用明显。从第二张图来看，产品乙看起来也不错，但可能没有那么令人印象深刻。从第三张图来看，产品丙似乎根本不起作用。我们对每种情况都得出了一条直线。那么，我们还能再做些什么呢？我们能衡量产品剂量和产量之间关系的强度吗？

衡量关系的强度

可以通过测算产品剂量和产量的相关性来衡量二者之间关系的强度。这是在某个范围内衡量的，相关性最高为1（或100%）。一个完美的相关性的例子是

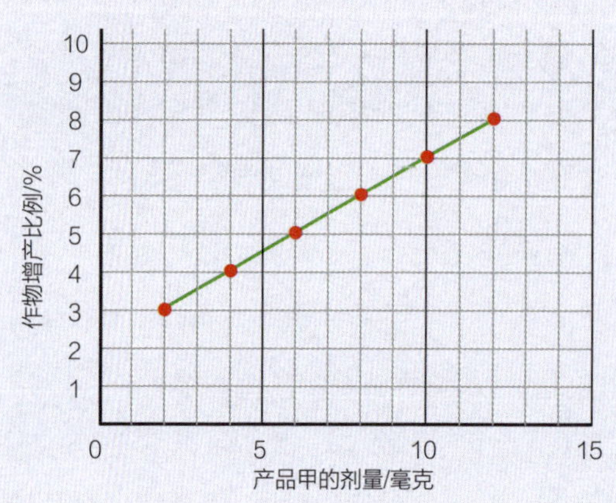

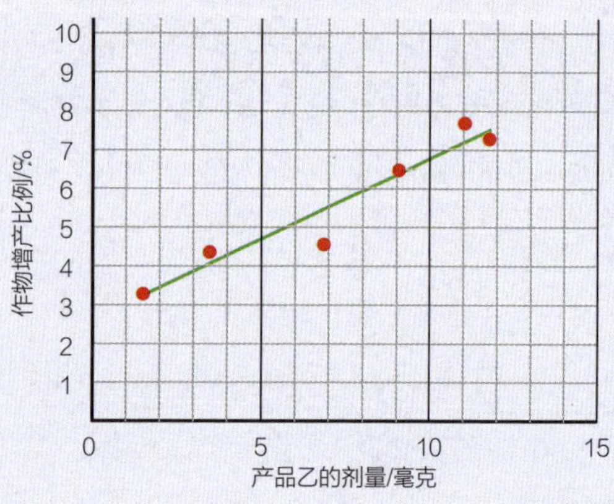

哪种肥料效果最好？ 这样的问题为一个强大的统计方法的发展播下了种子。

这样的：一堆硬币的数量与这堆硬币的质量之间的关系（见下页左上图，其中，1盎司≈28.35克），其相关性为100%，但大多数事物的相关性都比这个弱。高的人往往更重，所以我们可以说身高和体重是相关的，但这个规律并不是非常可靠，所以我们说身高和体重的相关性很弱，可能只有50%。当两件事无关时，例如水果的形状和颜色无关，则相关性为0。相关性也可能是负的，例如跑步时间与跑步速度之间的相关性为负。

完美的相关性

相关性概念是高尔顿提出的，但他无法正确地计算相关性。然而，当他在一次演讲中提到这个概念时，其中一位听众被这个概念迷住了，他说这个概念“将心理学、人类学、医学和社会学在很大程度上带入了数学治疗的领域”。这位热心听众是皮尔逊，他深受相关性的启发，在此基础上打开了一个全新的统计学领域。

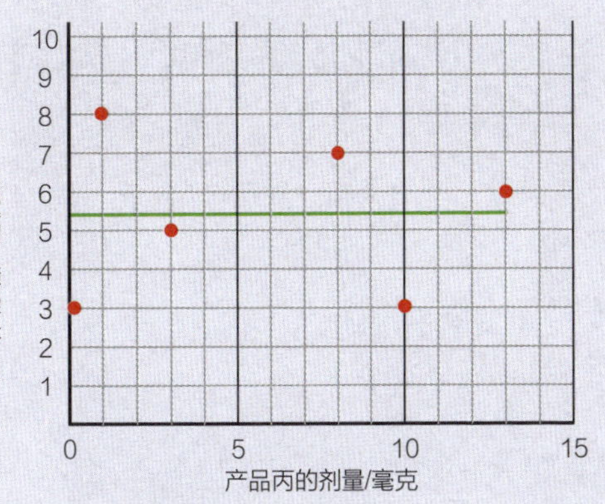

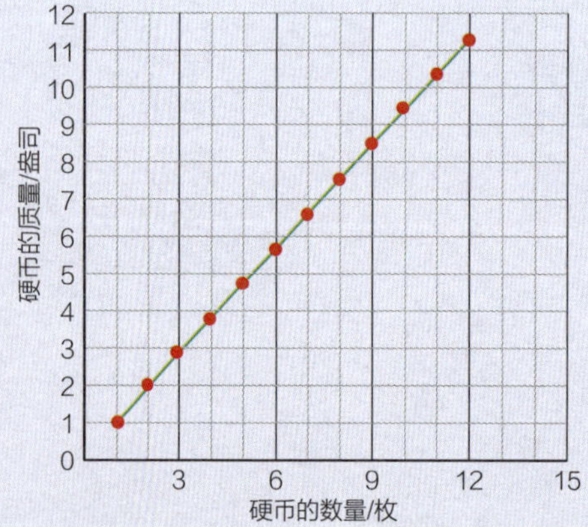

完美相关性的一个例子。

皮尔逊相关系数

现在计算相关性的方法有很多种，但流行的仍然是皮尔逊在 1895 年发明的方法，称为皮尔逊积矩相关系数（Pearson Product-Moment Correlation Coefficient，PPMCC），简称皮尔逊相关系数。这种方法有不同的版本，要想知道它的含义，展示得清晰、明了的可能是下面这个：

$$PPMCC = \frac{Cov_{xy}}{\sigma_x \sigma_y}$$

σ 是标准差，Cov_{xy} 是 x 和 y 的协方差，其定义为

$$Cov_{xy} = \frac{\sum[(x-\bar{x})(y-\bar{y})]}{n-1}$$

其中，“¯”这个符号的意思是平均值，n 表示数据量。

与统计学中的许多其他公式一样，这个公式也有略微不同的版本，可用于不同类型的数据。

一个简单的例子

应用 PPMCC 涉及许多小规模计算，并且它仅在应用于大数据集（超过 25 个数据的数据集）时才可靠，因此通常使用软件计算。但是，为了了解它的原理，我们可以使用第 119 页的风速和浪高数据。为了记录这些数据，我们可以写出每个数据的 x 和 y 的值。最终得到的结果 0.992 是一个很大的值，这与拟合直线和所有 3 个数据都非常接近的事实一致（见对页上图）。不能将 PPMCC 应用于小数据集的原因是，如果你随机分散一小部分数据，它们通常会形成一条粗线，因此，即使其中没有任何意义，也会得出正相关系数。

在高尔顿去世前一年，皮尔逊（左）拜访了他的导师高尔顿（右）。

相关性和因果性

烟雾与森林火灾之间存在强相关性，肥胖与看电视的时间之间存在强相关性。但是这两种相关性意味着非常不同的事情：森林火灾会产生烟雾，但看电视不会导致肥胖。

对看电视与肥胖之间存在强相关性的一种解释是，锻炼的人不太可能花太多时间看电视，也就不太可能肥胖。冰激凌的销售、戴太阳眼镜、晒伤和遭到鲨鱼袭击之间也存在相关性，但其中没有任何因果关系。所以，两件事之间存在相关性，并不意味着一件事会导致另一件事发生。如果正在研究的实际数据只是简单的两组数字，则我们永远无法判断它们之间是否存在相关性。

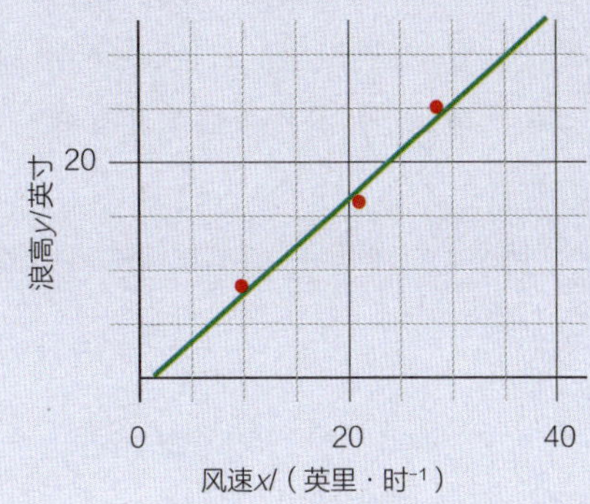

x	y	相关计算
$x_1=10$	$y_1=8$	
$x_2=21$	$y_2=16$	
$x_3=29$	$y_3=25$	
$\bar{x}=20$	$\bar{y}\approx16.33$	
$x_1-\bar{x}=10-20=-10$	$y_1-\bar{y}=8-16.33=-8.33$	$(x_1-\bar{x})(y_1-\bar{y})=83.3$
$x_2-\bar{x}=21-20=1$	$y_2-\bar{y}=16-16.33=-0.33$	$(x_2-\bar{x})(y_2-\bar{y})=-0.33$
$x_3-\bar{x}=29-20=9$	$y_3-\bar{y}=25-16.33=8.67$	$(x_3-\bar{x})(y_3-\bar{y})=78.03$
		$Cov_{xy}=\dfrac{\sum[(x-\bar{x})(y-\bar{y})]}{2}=80.5$
$\sigma_x=\sqrt{\dfrac{\sum(x-\bar{x})^2}{n-1}}\approx9.539$	$\sigma_y=\sqrt{\dfrac{\sum(y-\bar{y})^2}{n-1}}\approx8.505$	$\sigma_x\sigma_y\approx81.13$
$\text{PMCC}=\dfrac{Cov_{xy}}{\sigma_x\sigma_y}=\dfrac{80.5}{81.13}\approx0.992$		

等一下

积矩公式的名称很难记住，因为现在几乎没有人像皮尔逊那样使用“矩”。在他生活的那个时代，有 4 个统计学的“矩”被认可。第一个矩是平均值，第二个矩是标准差，另外两个矩分别是偏度和峰度。

哪里有烟哪里就有火，赶快跑吧！

奎宁与疟疾密切相关。那么是否应该禁用奎宁呢？

致病还是治病

弄清楚因果关系并不简单。在一些国家，人们的饮水量与健康状况密切相关。但这是因为他们有健康意识才喝大量的水，还是因为他们喝了大量的水才健康？大多数人，无论健康与否，在任何情况下都有足够的水喝，而且完全不清楚多喝水是否会使他们更健康（但有健康意识的人倾向于多喝水）。有时，当将相关性用作因果关系的指南时，相关性会与事实相反。19 世纪，一些国家的人经常食用大量的奎宁，奎宁是一种从金鸡纳树中提取的天然药物，常用来给一种叫作奎宁水的软饮料调味。消耗大量奎宁的地区与发生严重疟疾的地区之间存在很强的相关性。单独查看数据，很容易得出应该禁用奎宁的结论。事实上，众所周知，奎宁在治疗疟疾方面非常有效，这就是为什么它在受疟疾影响的地区如此受欢迎，因此禁用它是一个非常糟糕的主意。

比较性偏好

相关性是一个强大的工具，但它只适用于数值数据。例如，它不能用于分析意见调查的结果。想象一下，询问 100 个人，其中一半是成人，他们更喜欢阅读还是看电视。下页这张表显示了结果。

如何应用？

太阳黑子

太阳黑子与地球上所有事物之间的关系是最著名和最复杂的一组相关关系之一。众所周知，太阳黑子在 11 年的时间周期（称为太阳活动周期）里有规律地变化，这种周期变化影响了自杀率、失业率、湖泊深度和许多经济指标与其他事物。几乎可以肯定的原因是太阳活动周期对地球天气系统的影响，但其机制人们非常不确定。

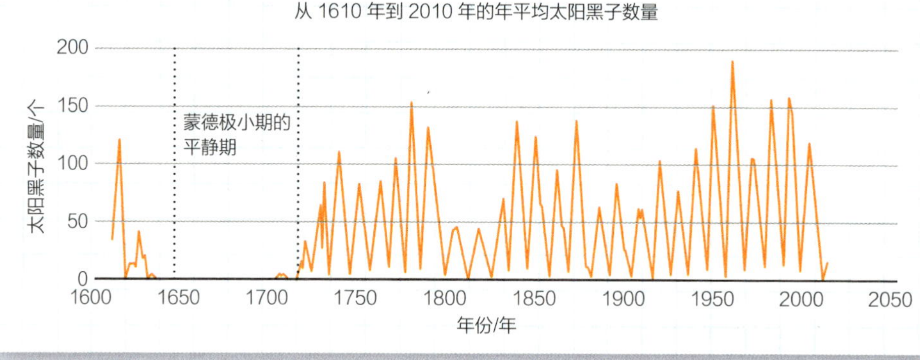

人群类别	不同偏好人数		
	阅读	看电视	全部
成人	70	30	100
儿童	56	44	100
全部	126	74	200

由上表可知，成人和儿童都喜欢阅读而不是看电视。对于成人来说，70% 的人更喜欢阅读；而对于儿童来说，这个比例是 56%。但这真的是一个显著的差异，还是偶然出现的？如果比例有更大的不同，答案就很明显了：比如 100% 的成人喜欢阅读，但儿童只有 51%，差异很明显，我们可以说成人和儿童在这方面确实存在差异。另外，如果 52% 的成人更喜欢阅读，而儿童的这一比例为 51%，那么这个结论就不准确了，而且似乎儿童和成人对这个问题的想法或多或少是相同的。由于差异并不明显，我们需要一个统计测试来帮忙。最好的测试之一是卡方检验，它是由皮尔逊在 1900 年发明的。可通过它计算出一组特定结果为偶然得出的概率。

卡方检验在实际中的运用

总体而言，喜欢阅读的人数为 126 人，占 63%。如果成人和儿童的观点没有区别，那么我们可能会期望看到这样的结果。

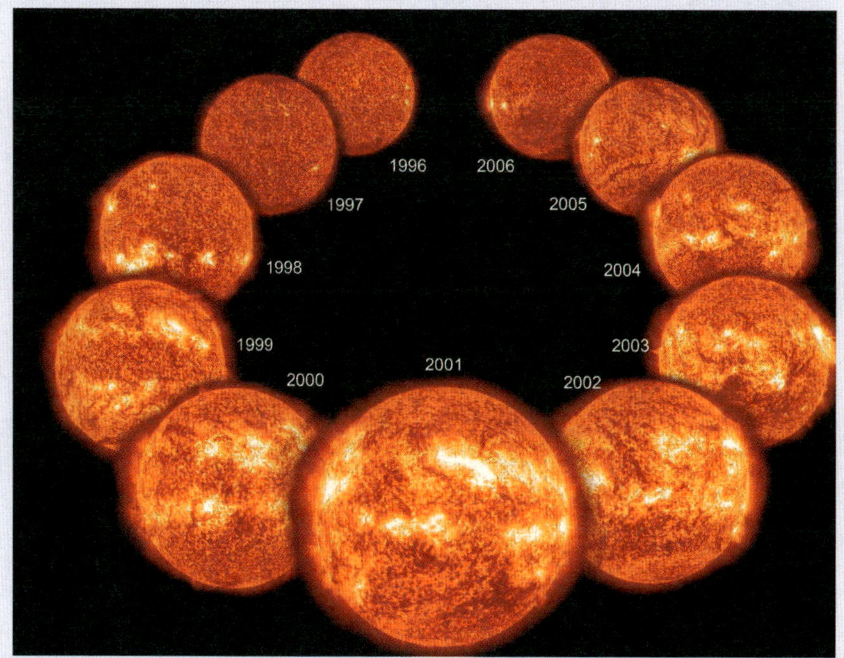

太阳活动周期，比如太阳黑子，周期为11年。

人群类别	不同偏好人数		
	阅读	看电视	全部
成人	63	37	100
儿童	63	37	100
全部	126	74	200

我们称这些为“期望值”。我们想探究实际值是否与它们有显著不同，因此我们算出了每个观察值与期望值之间的差值。我们对答案进行平方，以避免得到抵消为 0 的正负数的和。

人群类别	不同偏好人数统计分析（一）	
	阅读	看电视
成人	$(70-63)^2=49$	$(30-37)^2=49$
儿童	$(56-63)^2=49$	$(44-37)^2=49$

得到的这些数值都是 49，因为成人和儿童的人数相等。接下来，我们将这些数值与期望值进行比较。最简单的方法就是除以期望值。

人群类别	不同偏好人数统计分析（二）	
	阅读	看电视
成人	$49/63\approx0.778$	$49/37\approx1.324$
儿童	$49/63\approx0.778$	$49/37\approx1.324$

最后我们把这些值都加起来：

$$0.778+1.324+0.778+1.324=4.204$$

解释卡方检验

这个数字是卡方值，我们需要将它与偶然出现的值进行比较。卡方值的计算过程很复杂，因此通常利用已计算好的卡方值的表格。但首先，我们必须计算出自由度。自由度是一个变量，它出现在许多统计测试中。在阅读 / 看电视案例中，从行数中减去 1（值为 1）、从列数中减去 1（值仍为 1），然后将答案相乘（得到答案 1×1=1），即得到自由度。所以，我们想要的是下表的第一行。

自由度	不同概率的卡方值								
	0.995	0.99	0.975	0.95	0.9	0.1	0.05	0.025	0.01
1	0.00	0.00	0.00	0.00	0.02	2.71	*3.84*	*5.02*	6.63
2	0.01	0.02	0.05	0.10	0.21	4.61	5.99	7.38	9.21
3	0.07	0.11	0.22	0.35	0.58	6.25	7.81	9.35	11.34
4	0.21	0.30	0.48	0.71	1.06	7.78	9.49	11.14	13.28
5	0.41	0.55	0.83	1.15	1.61	9.24	11.07	12.83	15.0

上表的表头中的值是某值偶然出现的概率。我们之前计算的卡方值 4.204 介于 3.84 和 5.02 之间，因此该值偶然出现的概率很低：介于 0.025 和 0.05 之间（即介于 2.5% 和 5% 之间）。因此，成人和儿童在阅读与看电视的观点上可能存在真正的差异。

可以自由地选择吗

自由度出现在许多统计测试中，很难定义，但易于论证。假设你在掷骰子，并试图计算获得每种点数的概率。从下方这个假定的概率表开始推理。

点数	得此点数的概率
1	1/6
2	1/6
3	1/6
4	1/6
5	1/6
6	1/6
总概率=1	

请注意，概率的总和为 1。这是必然的——百分之百你会掷得一定的点数。经过更多的实验，你觉得骰子很可疑，好像不随机了——有很多次，你掷的点数都很少。因此，根据实验结果，你开始将新的值填入对页上方的表格。一切进展顺利，直到第六阶段，当用 0.1 表示得到 6 点的概率时，点数的总概率为 0.90，这就不对了。最后一个空位上只能填 0.2，因为这样才能使概率总和为 1。

这表明，尽管你可以自由地在列表

点数	获得某点数的概率					
	阶段1	阶段2	阶段3	阶段4	阶段5	阶段6
1	0.3	0.3	0.3	0.3	0.3	0.3
2	?	0.25	0.25	0.25	0.25	0.25
3	?	?	0.05	0.05	0.05	0.05
4	?	?	?	0.1	0.1	0.1
5	?	?	?	?	0.1	0.1
6	?	?	?	?	?	0.1
总概率	1.00	1.00	1.00	1.00	1.00	0.90

的5个条目中填入任何概率值（只要你认为数值正确），但对于你在第6个条目中填入的概率，你完全没有选择的自由。红色的问号根本不应该是问号，它必须是0.2，因为一旦你填入了第5个概率，你的选择就结束了。

	5	7	7
	15	14	14
	56	44	100
	10	9	9
	9	?	3.72
	6	?	11.28
平均值	9	9	9
标准差	3.52	3.52	3.52

自由度

这意味着自由度比数据量小1。但情况并非总是如此。如果你选择一组数据，算出了它们的平均值和标准差，那么有多大的自由度来改变这些数据，从而得到相同的平均值和标准差？假设有5个数据，我们可以随心所欲地更改其中的3个，但是只需要一对数据就可以完成列表，从而得到相同的平均值和标准差，如右侧表所示。所以实际上我们只有3个选择，即自由度为3。

在这种情况下，自由度比数据量小2。事实证明，无论我们根据数据计算出多少种事物（称为约束），我们都需要用数据量减去那些事物的数量，从而得到自由度。所以，当我们对一组数据计算平均值和标准差时，这给了我们两个约束，自由度＝数据量−2。

参见：
► 回归，第118页
► 检验和试验，第160页

偏　态

统计学最实用的应用范例之一是货币。经济学家、政治家、历史学家和雇主对如何衡量人们的收入、物价和债务感兴趣。由于大量的此类数据是经过仔细收集的（例如，计算向人们征收多少税款，或计算他们的养老金），因此很容易进行整理和分析。

通常，与金钱相关的数据服从正态分布：校长、邮递员和消防员每小时的工资很可能服从正态分布。然而麻烦的是，也有很多例外。对页上图显示了名为普瑞典多维亚的虚构国家的家庭收入分布情况。由图可见，很多家庭收入低，很少家庭收入高。而中等收入家庭的数量是多、是少，还是呈中等水平，我们不得而知，因为对于这样的分布来说，“中等”的含义可以有好几种。在军事、教育、体育、娱乐领域，有少数年长者或技能高的人和许多年轻人或技能低的人，而且由于少数人中的每个人都拿着高薪，因此与正态分布相似的峰形又出

当很多人同时从银行取钱时，他们的微小财富累积起来就很可观了。

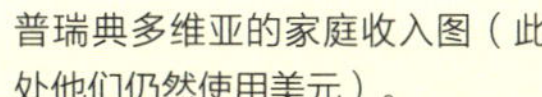

普瑞典多维亚的家庭收入图（此处他们仍然使用美元）。

现了，但这一次峰形不对称，一侧有一条长长的“尾巴”，另一侧有一个“峰”。这就是偏态分布。偏斜可以是正的，即尾巴在右边，峰在左边；也可以是负的，即尾巴在左边，峰在右边。

平均问题

在偏态分布中，平均值、中位数和众数都有不同的值。对于普瑞典多维亚的家庭收入数据，平均值为 7.8 万美元，中位数为 7.1 万美元，众数仅为 3.3 万美元。这意味着，与正态分布相比，此时“平均值”指的是完全不同的数值。这一点尤其重要，因为媒体记者和政治家并不总是清楚自己所指的是哪个平均值，所以当有人说“平均工资增加了”或“平均失业率下降了”时，这可能并不意味着是它看起来的那个意思。同样，如下页上图所示，普瑞典多维亚的平均死亡年龄可以是 77 岁、81 岁或 87 岁，这取决于“平均值”的含义。

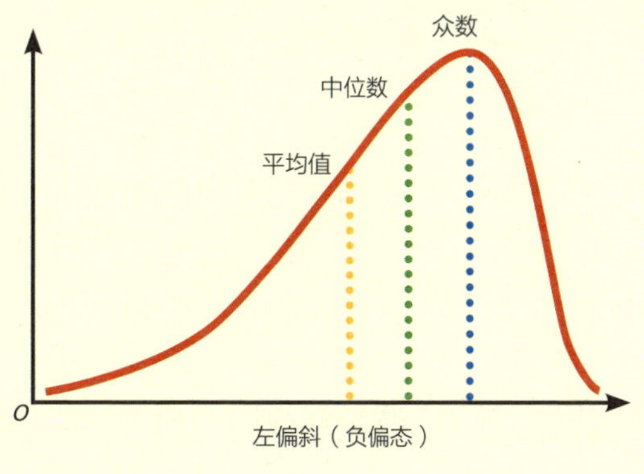

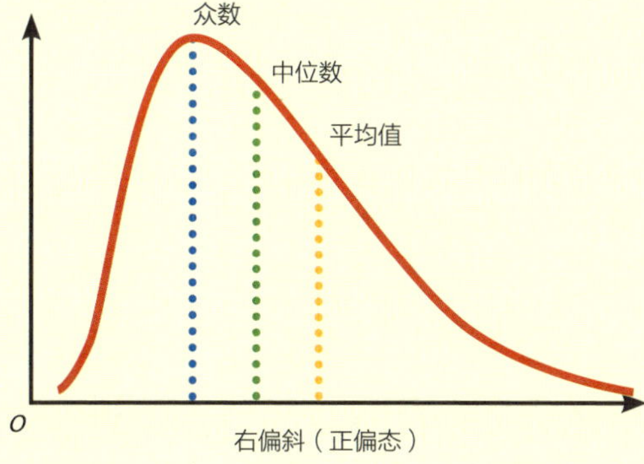

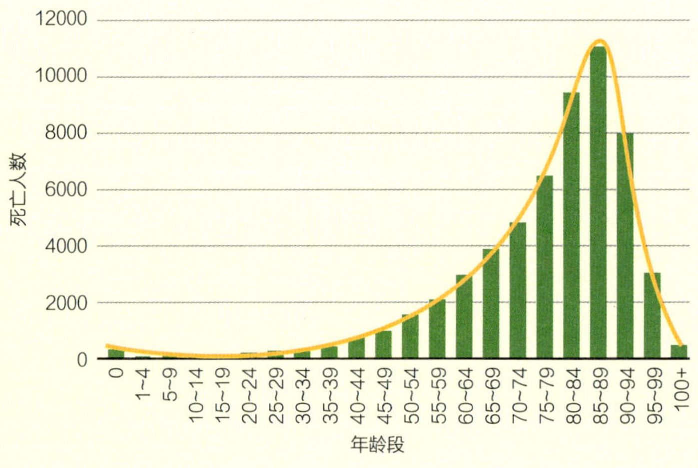

普瑞典多维亚的死亡人数。

平均值：77 岁
众数：87年
中位数：81岁

皮尔逊的偏态

第一个正确研究偏态并为其定义衡量标准的人是皮尔逊，他因相关性而闻名于世。高尔顿前期的著作让皮尔逊意识到了统计学的力量，于是皮尔逊开始着迷于这个课题，并最终成为有史以来最伟大的统计学家之一。和高尔顿一样，他用统计学来研究进化是如何进行的，他就这个主题写了几十篇论文。但他这方面的工作不是很成功，最终还是生物学家解决了大部分进化问题。皮尔逊的努力使他做出了许多数学发现，但也招来不少敌人。1901 年，他创办了《生物统计》(*Biometrika*) 杂志，这是世界上第一本统计学期刊（专注于研究统计学在进化中的应用）。该期刊包含他许多伟大的发现，以及对其他统计学家的大量尖锐批评，以此来吸引读者。他还在 1900 年发明了直方图，即一种特殊的柱形图。

下图所示是1934年左右，皮尔逊与生物学家拉斐尔 · 韦尔登的半身像。韦尔登与高尔顿一起帮助皮尔逊创办《生物统计》杂志，但几年后去世。桌子上是皮尔逊最喜欢的计算器Brunsviga Model A。在当时，它已经有30多年的历史了，即使按照20世纪30年代的标准来看，也是功能非常基础的款式。

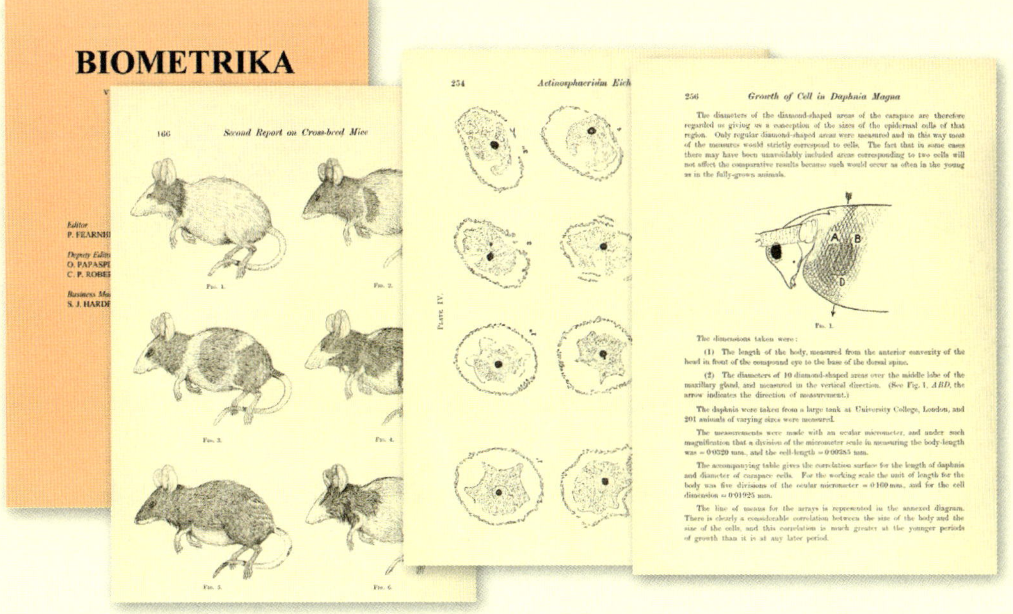

计算偏态系数

皮尔逊为偏态定义的衡量标准很简单。

$$\frac{平均值-众数}{标准差}$$

这有时被称为皮尔逊的第一偏态系数。他的第二偏态系数用于没有众数的数据。

$$\frac{平均值-中位数}{标准差}$$

偏态系数（也称偏度）是一种很好的检验指标，可以检验考试的难度是否得当。第 137 页的直方图显示了不同考试成绩的学生人数。如果考试是公平的，大多数学生会获得 C，获得 A+ 的学生人数将与获得 F 的学生人数大致相同，考试结果的分布应该近似正态分布，如第一张直方图所示的那样。如果试题非常难，只有少数学生会得到 A+ 这样的好成绩，而很多学生会得到 F，这会得出一个负偏态的分布，就像第三张直方图所示的那样。一张非常简单的考卷意味着会有很多学生得 A+ 和较少学生得 F，以及产生正偏态的分布，如第二张直方图所示。

没有简单的答案

利用考试成绩的分布来判断考试的难度确实会给出题者和考官带来问题。在教育系统每年都在改进的学校或国家，人们会看到学生的表现越来越好。但这意味着结果的分布变得越来越转向正偏态分布，因为每一批受过更好教育的学生都会发现考试比去年的更容易。如果这种情况持续足够长的时间，可能最终每个学生都能获得 A+，这将使考试的设置变得毫无意义。

在实践中，许多教育系统每年都会设置比上一年更难的考试，因此其分布大致为正态分布。但这会带来新的问题：一方面，由于每年的考试结果都差不多，因此教育系统的改进不会有任何明显的体现；另一方面，雇主需要牢记应聘者的工龄有多少年，因为去年获得 C 的人可能比几年前获得 C 的人表现更好，因为几年前的考试更简单。

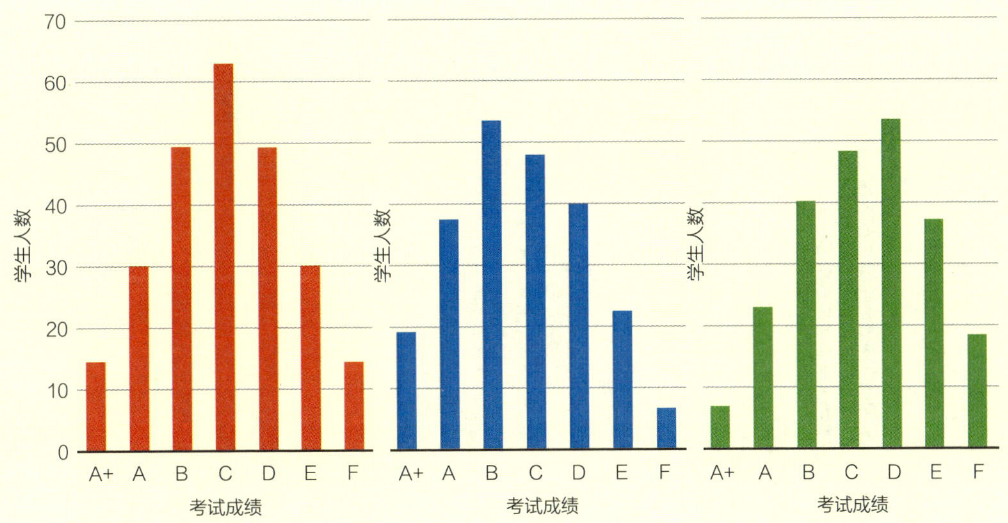

去偏度

偏态分布不方便处理，但有时可以将它转换为正态分布。就像处理离群值一样，只有在查找到数据的来源之后才能修正数据。我们有什么理由认为总体本身是偏态的？如果是生物数据或财务数据，那么有时偏态正是我们所期望的。例如，许多水果，如某些品种的葡萄和草莓，它们的尺寸不一（这让超市经营者很烦恼，他们喜欢标准尺寸的水果，因为它们更容易定价和包装）。如果真是这样，那么水果大小的分布通常呈强烈的正偏态分布，即只有几个大型的水果和大量的中小型水果。令人惊讶的是，使用一个简单的数学公式就可以预测这种偏态分布；更令人惊讶的是，同样的公式也适用于经济数据，还适用于写作数据：社交媒体上的帖子长度遵循相同的分布形式。

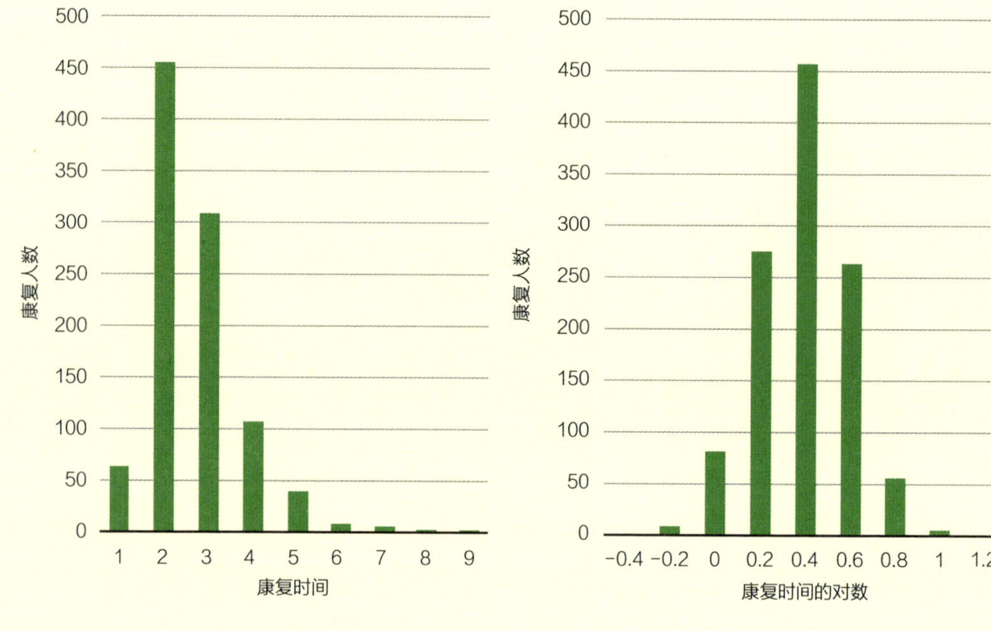

对数正态分布

上面左侧的直方图显示了 1000 名患者因同一类型的食物中毒后康复的时间。第一列是在一天内康复的人数，第二列是在一到两天内康复的人数，依此类推。如果我们不基于康复时间绘制直方图，而是基于时间的对数绘制，会得到右侧的直方图，其大致呈正态分布，这种分布称为对数正态分布。

地壳中的矿物质含量是遵循对数正态分布的。

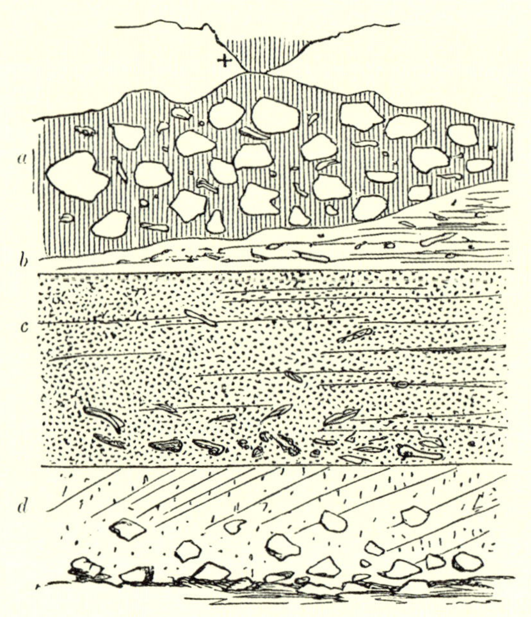

参见:
▶ 数据的形状，第38页
▶ 视觉统计学，第64页

随机偏态

我们经常需要根据小样本来估计总体的分布，然而即使总体的分布是正态分布，小样本的分布也可能不是。下面这 3 张直方图基于正态总体的随机样本绘制，从左到右，样本容量分别为 10000、1000 和 100，偏度分别为 0.015、0.13 和 0.5。即使是最大的样本的分布也不是很对称，而其他样本的分布与正态分布更是相差甚大。这意味着，正如每个样本的偏态所展示的那样，实际的样本不太可能是正态分布的。为了判断样本的偏态是否可能是偶然出现的，例如对于这 3 个样本，我们可以使用公式计算偏度的标准误差（ses），ses= $\sqrt{6/n}$，其中 n 是数据点的数量。如果偏度小于此值的两倍，则样本的偏态可能是偶然发生的。对于上述 3 个样本，ses 为 $\sqrt{6/10000} \approx 0.024$、$\sqrt{6/1000} \approx 0.077$ 和 $\sqrt{6/100} \approx 0.245$。将这些值加倍得到 0.048、0.154 和 0.49。将它们与 3 个样本的值进行比较可以看出，样本容量为 10000 的样本，其偏度远小于它的 ses 值的两倍。对样本容量为 1000 的样本，算出的值略小于它的 ses 值的两倍，而样本容量为 100 的样本的偏度略大于 ses 值的两倍。这表明在正态分布中取样本容量为 100 的样本，不足以证明样本分布的偏态是随机的。这与第三张图所示分布的外观相吻合，它看起来有可疑的偏斜。

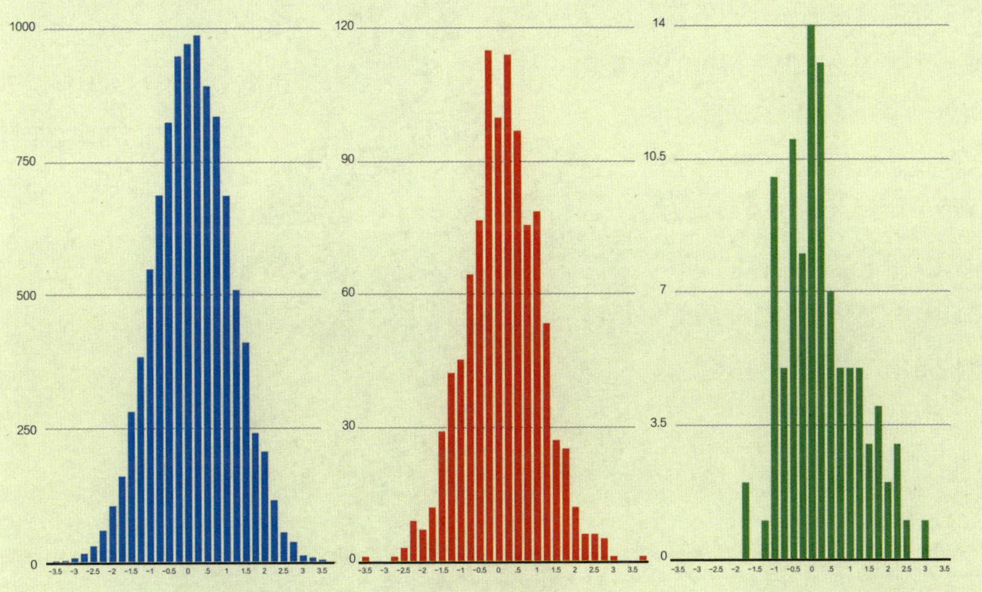

非参数统计

大量的统计工作涉及从总体中提取样本去推测总体。总体可能是实际人口、分子云或医疗报告数据库。

通常，总体是服从正态分布的。确实是这样，比如分子云中所有分子的速度就服从正态分布。在这种情况下，统计工作就会很简单。如果我们对分子云取一个大的（且没有偏见的）样本，并测量其中分子的所有速度，那么可以有把握地假设，样本的统计值，如速度的平均值和标准差，接近整个总体的平均值和标准差。这些总体的统计值被称为“参数”。

分布的种类无限

许多分布都不是正态分布。人类的身高分布就不是正态分布，因为男性往往比女性高。但这是一个容易解决的问题：我们可以单独计算男性和女性的身高分布，它们都是正态分布，如对页上图所示。有些事物的分布是一些已知的分布，而不是正态分布，例如二项分布和泊松分布。这些很容易理解，它们在许多情况下是与正态分布非常相似的。其他一些分布与正态分布非常不同，比如对页右下图所示的那些。

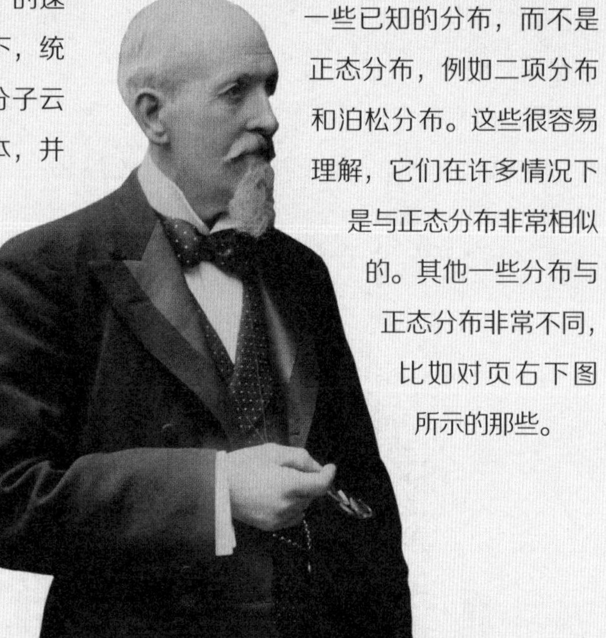

查尔斯·斯皮尔曼为检验相关性而开发了一种高效的方法。

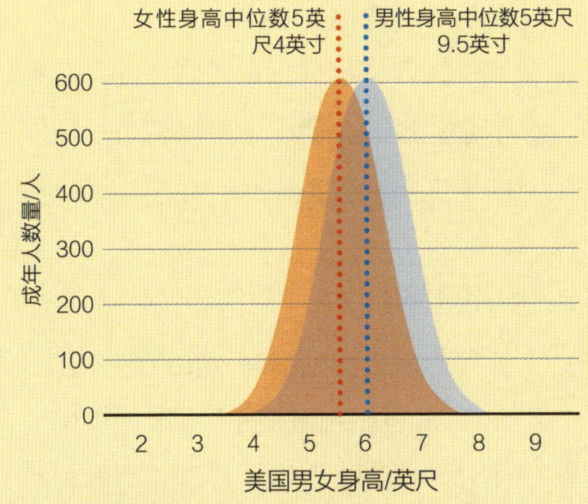

注：1英尺=30.48厘米；
1英寸=2.54厘米

多种数据分布。

神秘的总体

通常，我们只是不知道总体是如何分布的。目前，人们已经开发出一些检验方法，可在总体非正态分布或分布情况未知的情况下使用。由于这些检验方法不依赖于总体，或不对总体的任何参数进行假设，因此它们被称为非参数检验。有一种非常简单且功能强大的相关性非参数检验，叫斯皮尔曼检验或斯皮尔曼等级相关。（rank，译为“等级”这个词来自 15 世纪早期的法语单词，意思是一排士兵。）

使用斯皮尔曼检验

我们想根据学生的考试成绩，看看擅长数学的学生是否也擅长物理，但我们不能假设成绩是正态分布的，它们可能非常偏斜。

斯皮尔曼检验通过仅使用每项数据的一个性质——它的排名，来解决这个问题。如果我们已知的数据分别如下表的第 2 列和第 4 列所示，它们的排名分别如第 3 列和第 5 列所示，一旦对成绩进行排名，就会用数学排名减去物理排名。就跟用最小二乘法拟合的情况一样，每个差值都被平方以避免正、负差值相抵消的问题。

然后将差值的平方相加：

$$1+1+0+4+0+0+0+4=10$$

现在使用斯皮尔曼检验公式：

$$\rho=1-\frac{6\sum d_i^2}{n(n^2-1)}$$

在这里，$\sum d_i^2$ 是所有差值的平方之和，n 是数据量，所以

$$\rho=1-\frac{6\times10}{8\times(8^2-1)}\approx0.88$$

与皮尔逊相关系数一样，0.88 这一值表明数学成绩和物理成绩之间存在很强的相关性，说明一个擅长其中一门学科的学生，通常也擅长另一门学科。

平局困境

基于字母的成绩有一个问题：它们数量不多，因此不同的人经常获得相同的排名，或者说平局。第 144 页表中斜体的排名是平均值，因为两个学生平局，即在同一学科中得到了相同的排名。就该表来说，应用斯皮尔曼检验公式可得

$$\rho=1-\frac{6\times27.5}{9\times(9^2-1)}\approx0.77$$

这是一个很强的相关性。

学生	数学成绩	数学排名	物理成绩	物理排名	排名的差值	差值的平方
乔治	88	4	69	5	−1	1
比尔	87	5	70	4	1	1
惠子	77	6	66	6	0	0
达纳	98	1	77	3	−2	4
亚历克斯	52	7	51	7	0	0
简	94	2	81	2	0	0
奥马尔	22	8	10	8	0	0
希拉里	92	3	82	1	2	4

丢失的数据

这些音乐家有多么优秀？统计数据将有助于回答这个问题。

既然斯皮尔曼检验可以用于任何类型的数据，而且用法非常简单，为什么还有人使用皮尔逊相关系数呢？原因是，在简化数据的过程中，我们丢弃了很多数据。举个例子，在上页的表格中，乔治和比尔的成绩非常接近，如果重复这个考试，得到一组新的考试成绩，他们的排名可能会颠倒过来。同时，亚历克斯和奥马尔这两门学科的成绩都比其他人的差得多，所以也许应该排除他们。问题是数学成绩是否与物理成绩相关，而不是一门学科成绩不好的人是否另一门学科也成绩不好。虽然对后者的肯定答复是一个可能的结论，但这个测试并不是为了说明这一点。这个问题可以用更复杂的统计方法来研究。斯皮尔曼检验的另一个优点是可以处理非数字形式的数据。像数学这样的学科，很容易使用百分制来打分，因为给数学试卷打分的人可以简单地计算有多少问题答对了。因此，B 级可能意味着答对了“70% 到 85% 的问题”。但是像艺术、舞蹈或音乐这样的学科，必须去评判表演或作品的质量，这时可能就没有数字评分标准可用了。

学生	音乐成绩	音乐成绩排名	调整后的排名	数学成绩	数学成绩排名	调整后的排名	差值	差值的平方
阿妮塔	E	8	8	58 百分制	8	8	0	0
鲍勃	A+	2	2	88 百分制	3	3	–1	1
卡洛	A	3	3	90 百分制	2	2	1	1
戴夫	F	9	9	50 百分制	9	9	0	0
贾米拉	D	7	7	70 百分制	5或6	*5.5*	1.5	2.25
弗格斯	C	6	6	66 百分制	7	7	–1	1
盖尔	B	4或5	*4.5*	92 百分制	1	1	3.5	12.25
费米	B	4或5	*4.5*	70 百分制	5或6	*5.5*	–1	1
伊莎贝尔	A++	1	1	77 百分制	4	4	–3	9
差值平方的总和 27.5								

智力问题

斯皮尔曼原本是英国军队中的一名上尉，后来他对科学的热爱驱使他于 1897 年离开军营，去攻读心理学博士学位。像许多其他伟大的统计学家一样，他在统计学方面的突破源于他决心解开另一个科学领域中的谜团。让斯皮尔曼着迷的主题是人类智慧的本质。斯皮尔曼和他那个时代的其他人想知道谈论人类智慧是否真的有意义。人类在许多方面表现出了自己的聪明才智，从破译密码到玩填字游戏，从发现相似图像之间的差异到解谜。那么这些才智之间是否有任何联系，因而可以用通用术语“智力”来描述呢？当时的证据表明答案是否定的。对人们在不同测试中的表现进行的统计学分析表明，各种表现之间几乎没有相关性。斯皮尔曼没有进行更多的测试或设计新的测试，而是查看了用于分析测试的统计方法，发现它们存在缺陷。他设计了一种新方法（称为衰减）来改进缺陷，并发现实际上人们在不同测试中的表现是相关的。所以，的确有一些东西将它们联系在了一起。

业界巨头之战

虽然斯皮尔曼也是一位伟大的心理学家，但他不是很圆滑，他对皮尔逊（他是那种很易怒的人）的方法大加批评。因此，当斯皮尔曼在 1904 年写了一篇文章说皮尔逊的方法既过于复杂又不正确时，皮尔逊理所当然地被激怒了。皮尔逊也批评了斯皮尔曼，特别是他声称斯皮尔曼对智力统计测试的修正是错误的。这两个人从未原谅对方，并在他们的余生中以书面形式继续争论。

智力二因素说

斯皮尔曼开创了一种新的人类智力理论，至今仍被广泛接受，该理论被称为双因素理论。它声称我们每个人都有两种智力：G（代表“一般”）智力和S（代表“特定”）智力。解决逻辑谜题需要一种使用语言技能的S智力，心算技能是另一种S智力，能够看出如何通过迷宫是第三种S智力。除了特定的S智力外，我们每个人都有一定水平的G智力，它构成了S智力的基础，并用于应对各种挑战。

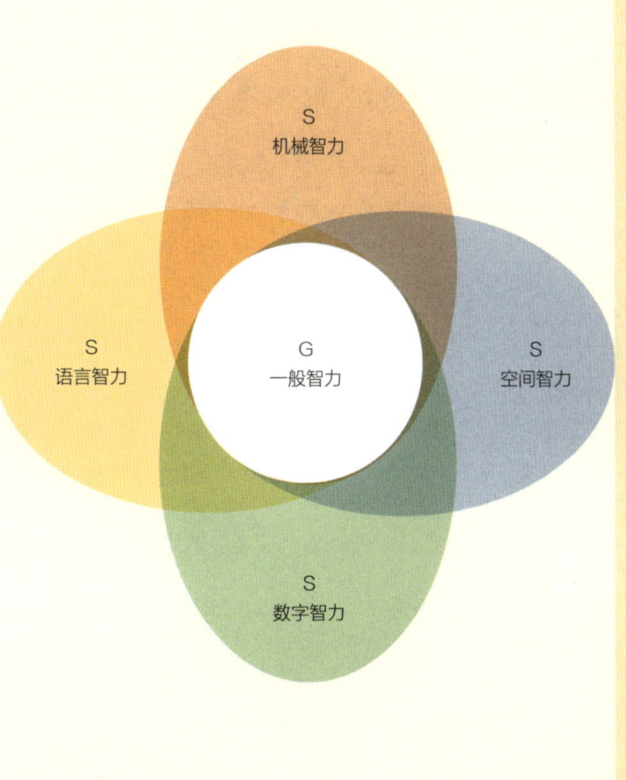

对错误的修正

事实上，即使斯皮尔曼和皮尔逊是地球上最有礼貌、最有魅力的科学家，他们也几乎肯定会分道扬镳。皮尔逊所有工作的核心都是错误的，即相信所有总体要么服从正态分布，要么服从其变形版本的分布，而且只需要4个统计参数（称为4个矩）就可以表示，这4个参数分别是平均值、标准差、偏度和峰度。峰度是指分布曲线的下半部分向外扩展的程度。他认为，如果知道这4个参数，就可以根据大的样本计算出所有有用的总体数据。斯皮尔曼检验表明，这4个参数都不是必需的。同时，对皮尔逊来说更糟糕的是，其他统计学家表示，在任何情况下，这4个参数都无法精确得知，除非对整个总体进行分析，少量采样，甚至就算大量采样也是不行的。

参见：
▶数据的形状，第38页
▶平均人，第96页
▶偏态，第132页

比较和对比

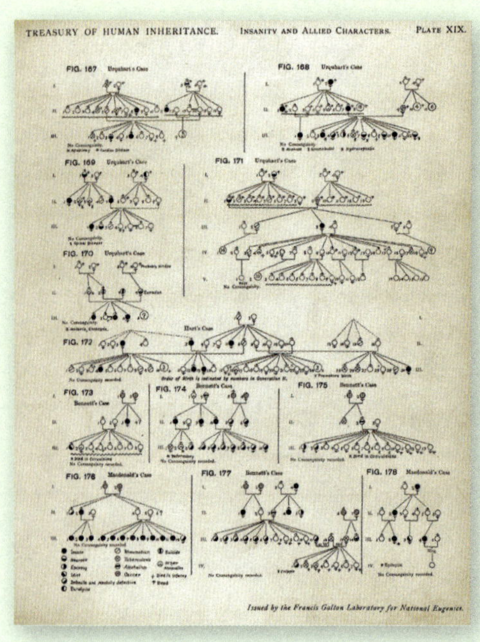

在统计学和生活中的方方面面，有一个问题一次又一次地出现，那就是“这个和那个一样吗”。商家卖给你的樱桃，是不是和陈列品一样好？灯泡包装盒上写的是“10000 小时”，真的能用那么久吗？各个硬币和骰子能做到绝对一样吗？

解决这些问题是统计学家的工作，不过，如果那位统计学家是皮尔逊，那么解决这些问题要么很容易，要么不可能。皮尔逊坚定地认为，每一种值得研究的数据都服从正态分布或其变形版本的分布，这可以用几个数值来描述，其

下图是工作中的皮尔逊；左上图是他的工作成果，即1912年的《人类遗产宝库》的其中一页。

左图为20世纪初，爱尔兰都柏林的吉尼斯啤酒厂；上图为一枚纪念威廉·西利·戈塞特的荣誉徽章，被保存至今，他是t检验的“幕后策划者”。

中平均值和标准差是最重要的。所需要的只是一个足够大的样本，通常至少要有 30 个数据。但是，如果样本容量小于此值，那么问题就无法解决了。

小问题

对于一位名叫威廉·西利·戈塞特的年轻大学毕业生来说，这是个很实际的问题。自 1899 年以来，他一直在都柏林的吉尼斯啤酒厂工作，担任统计员，同时他也是一个团队的成员，该团队的任务是找到一种可靠的、科学的方法来确定吉尼斯啤酒厂使用的众多啤酒花中，哪一种可酿造出味道最好的啤酒。而戈塞特的主要工作是确保来自不同地区、不同批次的啤酒花混合物足够相似，以确保用它们酿造的啤酒味道相同。他的难处是，他所能做的只是从每批货中抽取十几个样本进行测量。

粗加工

那时候，皮尔逊是“统计学之王”，他在伦敦大学学院的统计实验室里，“统治”着他的“数学帝国”。戈塞特对皮尔逊关于小样本的观点了如指掌，但他也知道，即使样本中只有几个数据，总体的平均值和标准差也可以作为粗略的估计值来使用。戈塞特着手计算这个估计值的粗略程度（通过计算一个称为平均值标准偏差的值）。他取得了一些进展，然后获得了老板的许可，去寻求皮尔逊的帮助。

一种新的分布

幸运的是，皮尔逊对戈塞特十分友善，帮助他计算出了样本大小对估计平均值的准确性的影响（例如，如果一个人只知道羊群中6只羊的质量，那么他如何准确估计羊群中所有羊的平均质量）。平均值的估计值的分布称为t分布。这种分布的形状取决于样本的大小，对于大样本，t分布即正态分布。

大小为12的样本t分布如下图所示，其比正态分布更宽。结合实际工作，戈塞特开发了一种新的检验方法——t检验，它通过比较两组样本的平均值以探究它们是否有显著不同，并且无论组中样本是大是小，该检验方法都行之有效。

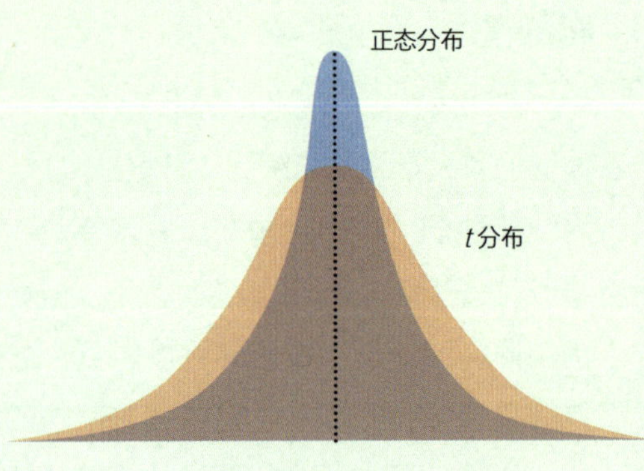

t检验的工作原理

每次与其他几支球队比赛后，乌鸦队和老鹰队的得分如右侧上表所示。你能看出究竟是乌鸦队更好还是老鹰队更好吗？

分数	
乌鸦队	老鹰队
1	2
3	2
3	1
0	1
2	2
3	
平均值：2	平均值：1.6

为了获得答案，我们首先算出每个得分和平均值之间的差值，然后计算该值的平方。对于乌鸦队的第一场比赛，$(1-2)^2=1$。计算所有得分的这个值，就得到了下表，表中的最后一行是把每支球队的所有差值的平方加起来算出的总和。

差值的平方	
乌鸦队	老鹰队
1	0.16
1	0.16
1	0.36
4	0.36
0	0.16
1	
总和：8	总和：1.2

该总和被称为方差（方差是标准差的平方）。我们现在计算一个统计量，

叫作混合样本方差。它结合了两个样本的方差，有时写成S_P^2。

通过自由度计算

首先，我们必须计算出自由度。我们只是根据每支球队的数据计算一个统计值，所以每支球队的自由度仅比球队的得分结果小1，因此乌鸦队为6-1=5，老鹰队为5-1=4。我们将两个值相加，得到自由度总数，即9。

$$S_P^2=\frac{\text{var（乌鸦队）}+\text{var（老鹰队）}}{\text{自由度总数}}=\frac{8+1.2}{9}\approx 1.022$$

（var表示方差）

现在，我们使用公式计算t值：

$$t=\frac{\text{乌鸦队得分的平均值}-\text{老鹰队得分的平均值}}{\sqrt{S_P^2\times(\frac{1}{\text{没有乌鸦队的比赛}}+\frac{1}{\text{没有老鹰队的比赛}})}}\approx\frac{2-1.6}{\sqrt{1.022\times(\frac{1}{6}+\frac{1}{5})}}\approx 0.654$$

想要弄清楚t值的含义，最简单的方法是参考一个表格。

自由度	不同概率时的t值		
	90%	95%	99%
1	6.314	12.706	63.657
2	2.92	4.303	9.925
3	2.353	3.182	5.841
4	2.132	2.776	4.604
5	2.015	2.571	4.032
6	1.943	2.447	3.707
7	1.895	2.365	3.499
8	1.86	2.306	3.355
9	*1.833*	*2.262*	*3.25*
10	1.812	2.228	3.169

我们感兴趣的是自由度为9的那一行，举个例子，它表明，例如给定t值为1.833，两支球队有显著不同的概率为90%。但由于t值远小于1.833，我们可以确信这两支球队没有什么不同。

“上吧！乌鸦队！”“加油啊！老鹰队！”计算结果表明一切都还未尘埃落定呢。

图中的费希尔看起来若有所思，下图中接受测试的学生也是如此。

假装学生

戈塞特的发现具有至关重要的意义，不仅因其具有实用价值，而且有另外一个原因：他开发了一种不涉及其他总体的检验方法，也就是说它是完全独立的。这种类型的检验有时被称为相互比较。戈塞特的发现也是个人的伟大成就，所以很自然地，他想将其公之于众。但吉尼斯啤酒厂的经理并不同意这样做。对他来说，新的检验方法是“商业秘密武器”，他不想让竞争对手获悉或利用。但他并非不可理喻，他允许戈塞特发表论文，但不允许在论文上署名。于是戈塞特署名为“学生”，所以他的检验通常被称为学生 t 检验。

后继者费希尔

事实上，除了另一位名叫 R.A. 费希尔的年轻统计学家之外，似乎没有任何其他酿酒商或任何其他人注意到戈塞特的突破性成果。就像皮尔逊的工作受到高尔顿的启发，并取得很大的改进一样，同样的情况也发生在费希尔身上，他接受了戈塞特的思想，并进一步发展了他的思想。戈塞特与皮尔逊和费希尔都保持着友好的关系——似乎也没有其他人能够解决这个棘手的问题了。部分原因可能是戈塞特对他们俩的态度都很谦逊。他曾经对欣赏他论文的崇拜者（当时有很多崇拜者）说：“费希尔无论如何都会发现这一切。”

其他的*t*检验

本文所讨论的检验全称是独立样本 *t* 检验，还有另外两种类型的检验，也是由戈塞特提出的。配对样本 *t* 检验用于比较同一组样本在不同时间的平均值，以检验该组样本是否发生显著变化。单样本 *t* 检验用于将一组样本的平均值与已知平均值进行比较，例如，检查特定狮子群的平均年龄是否与世界范围内所有狮子的平均年龄显著不同。

方差分析

除此之外，费希尔还扩展了 *t* 检验，这样就可以比较更多的平均值，并在此过程中开发了一种称为方差分析（analysis of variance，ANOVA）的技术，这是所有统计技术中最强大的技术之一。假设一个研究小组正试图找出饮食对数学考试成绩有什么影响。他们想探究服用维生素 C、咖啡和 Ω-3 油的效果。他们对 15 名学生进行了测试，每次向 5 名学生提供 3 种试验物质中的一种，并以百分制对测试进行评分（实际的测试会用更多的学生，但这项研究用少量学生更容易理解）。

也许结果如下。

服用下列物质的学生得分如下。

维生素 C：75、76、88、92、100。

咖啡：74、79、80、98、99。

Ω-3 油：59、78、79、88、98。

在这种情况下，每组数据之间没有太大差异，但组内的差异很大。如果我们计算每个组内的方差，会发现它非常大，但每组数据之间的方差很小。

第二次尝试

研究小组再次尝试。他们记录了每名学生前一天晚上的睡眠时间，并以下列方式对其进行分类。

这个结果如下。

拥有不同睡眠时间的学生得分如下。

5 小时以下：48、52、59、68、72。

5 到 7 小时：79、88、94、97、100。

超过 7 小时：66、74、79、81、86。

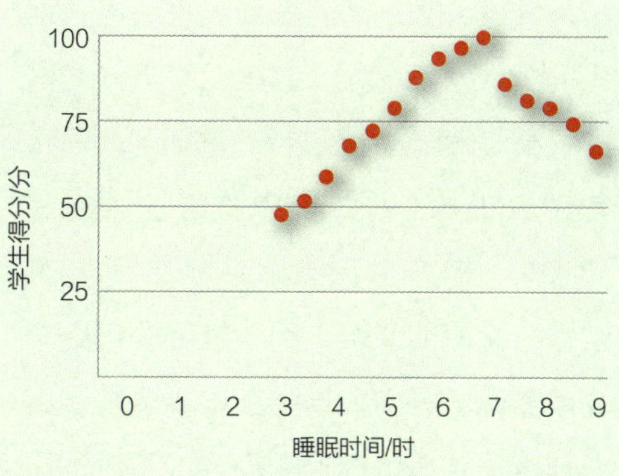

如何应用？

折叠刀技术

“统计”这个词是指根据数据样本计算得出的值，例如平均值、标准差或偏度。但我们真正想知道的是关于所取样的那个总体的数据。例如，如果我们对鸵鸟的质量感兴趣，我们可能会对 100 只鸵鸟（样本）进行称重，取平均值，并希望结果接近整个世界鸵鸟种群的平均质量。也就是说，我们希望样本的平均值接近总体的平均值。这两种平均值之间的差异称为偏差。我们可以用折叠刀技术来估计偏差。我们首先计算整个总体的统计量，然后从总体中删去一个数据并再次计算统计量。我们重复此操作，直到所有数据都被删除。最后，我们对所有这些计算的结果求平均值，然后使用该平均值来估计偏差。这种技术可以应用于许多任务中。它通常需要至少 1000 个数据。

P(太重以至于飞不起来)=1

各组数据之间的差异很小，但各组内的分数差异很大。这表明睡眠时间确实会影响表现。在这种情况下，只有使用 ANOVA，即方差分析法才能找到答案，相关性不能揭示睡眠时间和测试得分之间的联系，因为睡眠的好处不会随着睡眠时间的增加而稳步增加。尽管详细的计算过程非常烦琐，不过运用 ANOVA 可将计算过程归结为计算下面这个总值：

$$\frac{\text{组间差异}}{\text{组内差异}}$$

这个总值越大，就越有可能产生真正的影响。

计算机的世界

虽然 ANOVA 非常强大，但它涉及的计算非常多，因此需要使用计算机才能充分发挥它的价值。在今天，这变得很容易，且成本低又强大的处理能力的出现，使得许多其他工具的完善成为可能。其中一些工具以戈塞特和费希尔的方法为基础并与之密切相关，但它们也使用了一些模拟的思想。蒙特卡罗方法是模拟的早期示例。因它多次返回相同的数据，所以也被称为再抽样测试。当我们拥有大量数据，但不清楚其中一些数据的相关性时，此类测试非常有用。环境建模和生态系统的研究就属于这种类型。

鞋带式抽样

鞋带式抽样（可能是如今最常用的再抽样技术）类似于折叠刀采样，但不是为了找出统计数据的改进值，而是计算它们当下的值是否足够好。而且，它会多次重新计算统计数据，一次忽略一个数据，最后以置信限为终点。如果这些数据不够，它会告诉我们需要多大的样本。

鞋舌上写的是，如果这个鞋舌会说话，它会告诉你……

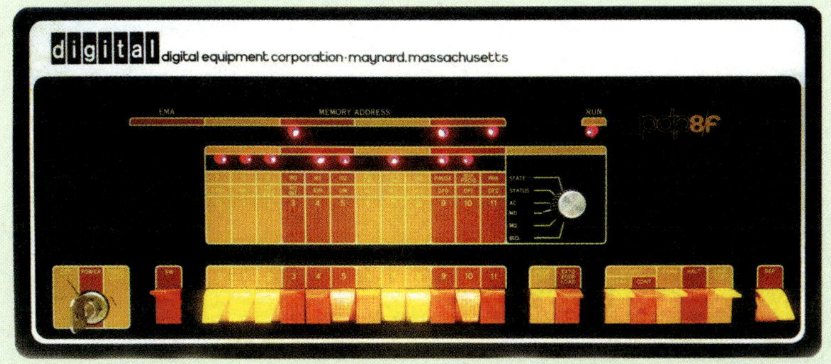

PDP-8微型计算机，在20世纪60年代后期开始流行，经常用于统计分析。

参见：
▶ 数据分布度的度量，第68页
▶ 相关性，第122页
▶ 检验和试验，第160页

测量置信度

如果早期的统计学家知道他们研究的学科会发展到何种程度，以及它将给世界带来什么样的变化，一定会感到无比惊讶。例如，统计学可以通过展示如何用数字来表达许多词汇和概念，从而使它们变得更加有意义、有用处。统计学中使用最广泛的术语之一是“置信度”。

一堆美味的椰子。

假设一个生物学家团队想要知道岛上椰子的平均质量。一个椰子的质量并不能提供太多信息——他们可能会随机挑到一个大的或小的。把所有椰子都称重能得到确切的答案，但工作量又太大。因此，他们决定称 30 个椰子，并得出平均质量为 20.5 盎司（1盎司≈ 28.35 克）。这个质量肯定不会与岛上所有椰子的平均质量完全相同。如果他们称了另一批 30 个椰子的质量并发现平均质量为 20.6 盎司，那么他们根本不会感到惊讶。

耶日·内曼是给了我们所有人信心的人。

误差范围

因此，与其将平均质量作为单个数值给出，不如将其作为一个范围给出，可以是“这个岛上椰子的平均质量在18~22盎司”，更简单的表述是“(20±2)盎司”。“±2”被称为误差范围。

估算平均值

要计算出实际值，团队首先需要知道岛上椰子的质量差别有多大。如果它们的质量都非常相似，那么应该能够很好地估计平均质量。为了掌握质量的分布，他们需要知道岛上椰子的标准差。然而，他们不知道，所以他们必须使用自己拥有的样本的标准差，即5.1。现在他们所需要的仅剩一个表示误差范围的公式，幸运的是，波兰数学家耶日·内曼在1925年提出了这样一个公式：

$$\pm\frac{Z\times s}{\sqrt{n}}$$

其中，s是标准偏差，n是样本容量。假设Z的值为1.96（我们稍后会知道原因），此式就变为

$$\pm\frac{1.96\times 5.1}{\sqrt{30}}$$

计算结果约为±1.8，因此生物学家得出结论，岛上椰子的平均质量为（20.6±1.8）盎司。然而，这并不意味着平均质量绝对在这个范围内。这就到了使用Z的时候。当Z设置为1.96时，生物学家可以说他们有95%的把握认为平均质量为（20.6±1.8）盎司。Z的值后面将进行介绍。

非正态分布

生物学家实际上并不知道岛上的椰子大小分布是否正常。然而，由中心极限定理我们知道，只要我们有一个相当大的数据集（至少有 30 个数据），即使对于非正态数据，样本的平均值仍然会呈正态分布。

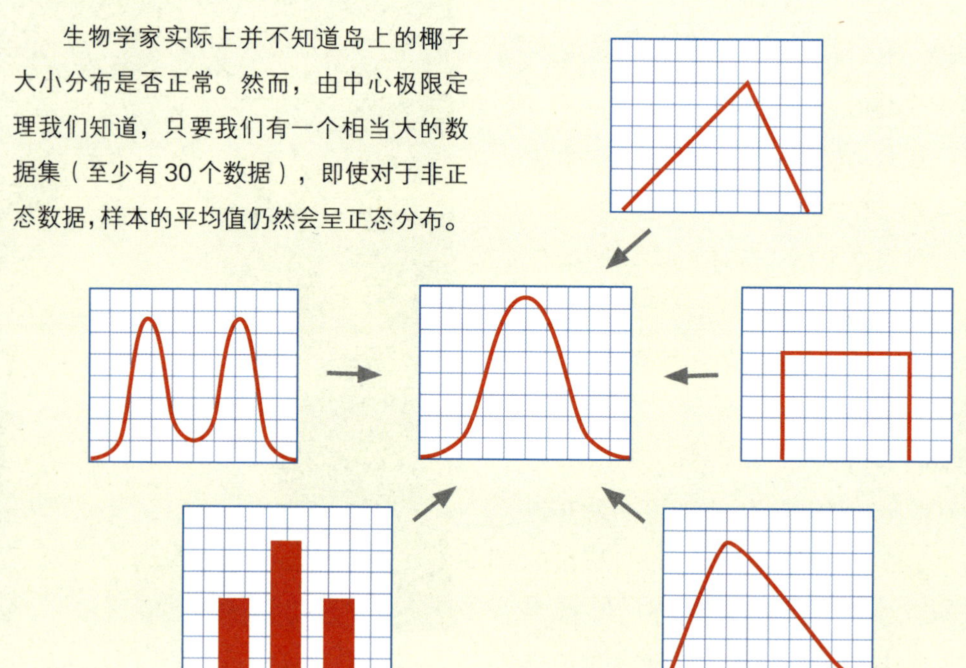

有多少信心

“95% 的置信度”是什么意思？意思是，如果生物学家进行了 100 次抽样研究，并因此得到 100 个样本平均值，他们预计其中 95 个样本平均值为 20.6±1.8（指平均值时忽略单位，下同）。更简单地说，他们会说 20.6±1.8 是 95% 的置信区间。当然，95% 的置信度离完全确定还差得远呢。生物学家能改进他们的答案吗？想做到这一点，有一种简单的方法，也有一种更难的方法。简单的方法是更改 Z 的值。例如，对于 99% 的置信度，Z 的值为 2.576。将其代入公式中，得出的误差范围为

$$\pm\frac{2.576\times5.1}{\sqrt{30}}$$

计算结果约为 ±2.4，因此生物学家可以有 99% 的把握，认为岛上椰子的平均质量是（20.6±2.4）盎司。不过，这个答案可能不会令生物学家满意。我们可以通过增加范围来获取更大的置信度，这有点像从“我可能会在星期二见到你”变成说“我几乎肯定会在星期一、星期二或星期三见到你”。更难的方法是进行更大规模的称重。如果生物学家称了 100 个椰子而不是 30 个，得到的平均值为 20.1，标准差为 5，则 95%

的置信区间变为

$$20.1\pm\frac{1.96\times5}{\sqrt{100}}$$

结果约为（20.1±0.98）盎司。

内曼

1925年，内曼首次定义了统计学中的置信度。就像泊松一样，内曼也热爱物理学，但也像泊松一样，他太笨手笨脚了，不擅长这门学科的实验部分。他偶然发现了皮尔逊的一本名为《科学语法》的书（这本书启发了阿尔伯特·爱因斯坦），于是决定留在乌克兰的哈尔科夫大学深入研究数学。然而在1920年，他病倒了，并前往克里米亚疗养。在那里，他遇到了奥尔加·索洛多夫尼科娃。后来他们回到哈尔科夫并结婚，但波兰和俄罗斯当时还处于战争状态，他被监禁了6个星期。虽然后来他回到了学校，但政治局势十分不稳定，他总是有被捕的危险。最后，他在华沙农业学院找到了一个更安全的工作场所。他还为当地的天气预报服务机构工作，在那里他能够专注于统计学研究。

皮尔逊（左二）也参与了对置信度的研究，后来，他的儿子埃贡也参与了，照片中的是两岁的他，坐在他爸爸的腿上。最右边的是皮尔逊的女儿西格丽德，她对统计学没有兴趣，后来成了一名诗人。

如何应用？

误差棒

误差棒可用于表示测量的准确性。但是在通常情况下，可采用的值不是单独的测量值，而是一组平均测量值，例如道路上汽车的平均速度。

如右图所示，仅从数据来看，很明显星期六汽车的平均速度最大，星期日汽车的平均速度最小，但我们需要更多的信息来判断这些差异是否显著。在数据点处添加 95% 置信限的误差棒，我们便一目了然。

因此，看起来星期六较大的汽车平均速度是随机的，但我们可以肯定的是，人们星期日的平均驾驶速度要小得多。误差棒并不总是采用置信限，有时会使用标准差来代替置信限，但采用置信限的误差棒会告诉我们更多信息，尤其是当用于计算平均值的数据量较少时。

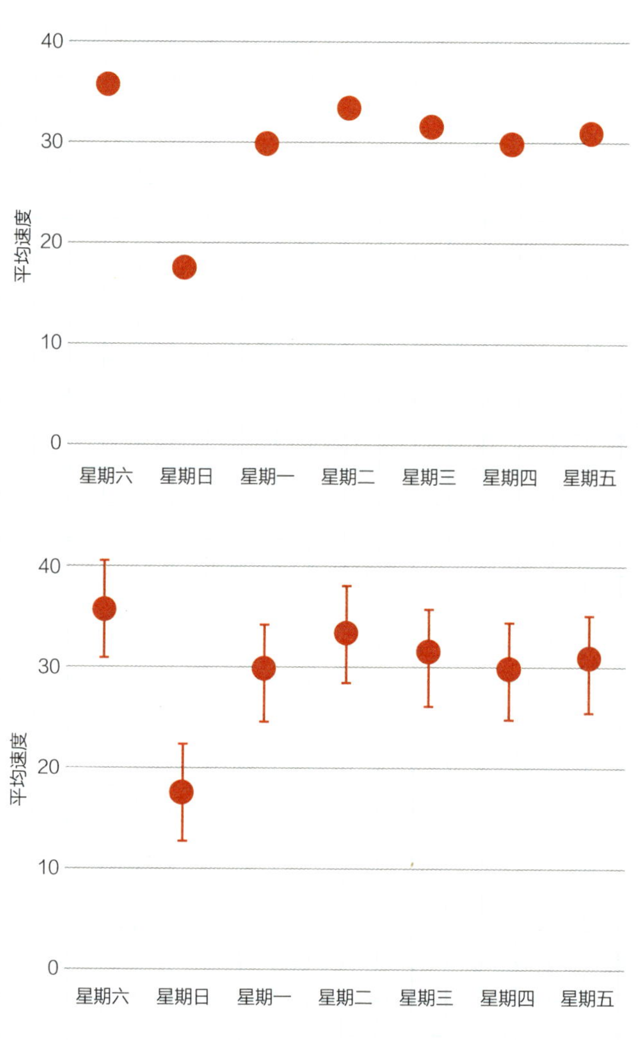

与英雄会和

1925 年，内曼获得经费，将在皮尔逊工作的伦敦统计实验室与皮尔逊合作。虽然皮尔逊曾是内曼心目中的“统计学英雄”，但他当时已 68 岁高龄，对现代数学知识不太了解。不过，皮尔逊的儿子埃贡是一名数学家，他可以和内曼合作。受到这次合作的启发，内曼回到波兰后在华沙建立了一个统计实验室，直到第二次世界大战临近——这意味着他不得不再次逃离。这一次他去了美国，他在美国建立了另一个新的统计学机构，并在那里度过了余生。

风险

使用置信度的一个主要原因，是为了清楚地说明做出决定所涉及的风险。

失败

当工厂引入一种新工艺时，该工艺几乎不可能完全可靠，总会有一些畸形的巧克力、破碎的鸡蛋、摇摇晃晃的螺栓，或者没有标签的瓶子。在这种情况下，表达生产过程中信心高低的最有用的方法是可能的失败率，如下表所示。例如，95% 的置信度意味着失败率为 5% 是符合预期的。

置信度	90%	95%	99%	99.9%	99.99%
风险：失败率	10%	5%	1%	0.1%	0.01%

一旦知道了置信度，给风险定个数值就很简单了：风险 =100%– 置信度。因此，95% 的置信度对应 5% 的风险，要将风险降低到 1%，必须达到 99% 的置信度。

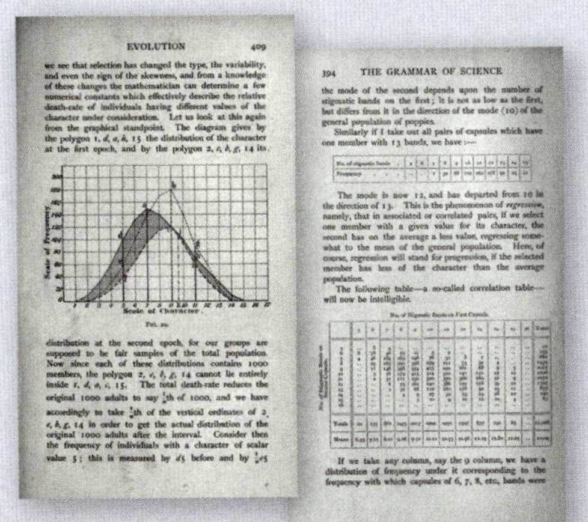
EVOLUTION 409

we see that selection has changed the type, the variability, and even the sign of the skewness, and from a knowledge of these changes the mathematician can determine a few numerical constants which effectively describe the relative death-rate of individuals having different values of the character under consideration. Let us look at this again from the graphical standpoint. The diagram gives by the polygon 1, d, a, k, 15 the distribution of the character at the first epoch, and by the polygon 2, c, b, g, 14 its

distribution at the second epoch, for our groups are supposed to be fair samples of the total population. Now since each of these distributions contains 1000 members, the polygon 2, c, b, g, 14 cannot lie entirely inside 1, d, a, c, 15. The total death-rate reduces the original 1000 adults to say $\frac{1}{n}$th of 1000, and we have accordingly to take $\frac{1}{n}$th of the vertical ordinates of 2, c, b, g, 14 in order to get the actual distribution of the original 1000 adults after the interval. Consider then the frequency of individuals with a character of scalar value 5; this is measured by d5 before and by $\frac{1}{n}$c5

394 THE GRAMMAR OF SCIENCE

the mode of the second depends upon the number of stigmatic bands on the first; it is not as low as the first, but differs from it in the direction of the mode (10) of the general population of poppies.

Similarly if I take out all pairs of capsules which have one member with 13 bands, we have:—

The mode is now 12, and has departed from 10 in the direction of 13. This is the phenomenon of *regression*, namely, that in associated or correlated pairs, if we select one member with a given value for its character, the second has on the average a less value, regressing somewhat to the mean of the general population. Here, of course, regression will stand for progression, if the selected member has less of the character than the average population.

The following table—a so-called correlation table—will now be intelligible.

If we take any column, say the 9 column, we have a distribution of frequency under it corresponding to the frequency with which capsules of 6, 7, 8, etc., bands were

皮尔逊在他1892年出版的《科学语法》一书中大量使用了统计学技术。

参见：
▶ 最小二乘法，第74页
▶ 离群值，第108页

检验和试验

费希尔开发了很多统计测试方法。他通常被称为“R.A.费希尔”，因为这是他在他的出版物上的署名。

想象一下，一位自然学家想探究自去年以来，房屋中蜘蛛的数量是否有所增加，当时每间房屋里蜘蛛的平均数量是 90 只（这个统计数据被称为“总体平均值”）。自然学家随机选择了 40 间房屋，发现蜘蛛的平均数量为 110 只（这称为“样本平均值”）。问题是，这种增加意味着什么？我们会期望它是偶然发生的，还是意味着更多的事情？

仅仅从中了解到今年蜘蛛数量的样本平均值比去年的总体平均值更大，这还不够，因为样本平均值和总体平均值

别慌！统计数据将使我们的房屋免于被蜘蛛入侵。

不是完全一样的（二者的差异被称为“样本误差”）。如果我们用不同的 40 间房屋重复实验，第二个样本平均值可能小于 90。那么，我们如何确定是否真的有蜘蛛入侵？

Z-分数

一种方法是从总体中抽取许多样本集，记下每个样本集的平均值，然后计算它们的平均值。还有一种更快的方法：我们可以查看去年的数据，看看新样本是否符合去年的统计结果。换句话说，我们可以从去年的数据中随机选择一个值，计算该值是 110 的概率。为此，我们首先需要一个被称为 *Z*- 分数的统计数据。这只需以标准差为基准，计算样本数据与标准差的差值。将场景从蜘蛛入侵切换到河流：如果一组河流的平均长度是 48 千米，标准差是 16 千米，那么 32 千米长的河流与平均值的差值就是 1 个标准差，那么这条河的 *Z*- 分数为 1。*Z* 定义为

$$\frac{\text{样本平均值}-\text{总体平均值}}{\text{样本标准差}}$$

回到我们对蜘蛛入侵的调查，由前文描述可知：

$$110-90=20$$

Z-分数可用于显示河流的轮廓、长度或污染量是否异常。

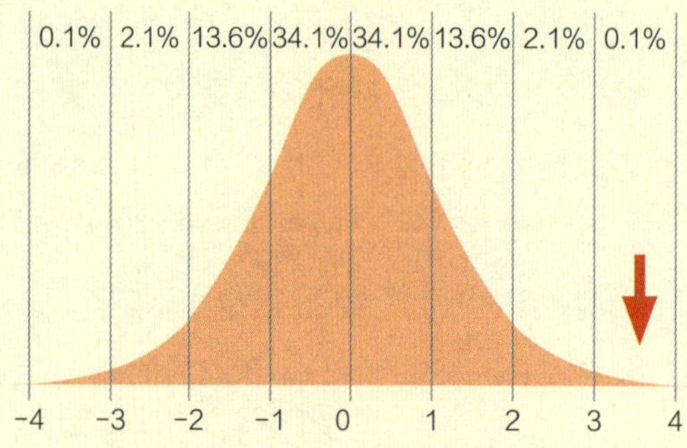

根据西格玛值画出的钟形曲线图。红色箭头表示蜘蛛样本数据的Z-分数。

样本标准差可以估算为

$$\frac{\text{总体标准差}}{\sqrt{\text{样本量}}}$$

随即代入：

$$Z=\frac{\text{样本平均值}-\text{总体平均值}}{\text{总体标准差}/\sqrt{\text{样本量}}}=$$

$$\frac{110-90}{35/\sqrt{40}}=3.61$$

从Z-分数到概率

我们知道样本值离总体平均值有3.61个标准差，我们还需要把它和概率联系起来。上图展示了一个正态分布，并标记了Z-分数，指示出了3.61——计算所得Z-分数的位置。顶部的百分比表示每个条带中包含的分布的面积占整个分布的百分比。

曲线下

举例来说，如果这个分布表示10万人的身高，那么我们预计这些身高中有5万个出现在图中的左半部分，第一个条带中有100个身高测量值，第二个条带中有2100个，第三个条带中有13600个，以此类推，最后一个条带中有100个身高测量值。这意味着，如果我们在这10万人中随机选择一人，他的身高出现在最后一个条带中的概率为0.1%。

蜘蛛入侵的概率

回到蜘蛛入侵调查问题，因为我们在这里处理的是去年的蜘蛛数量，这意味着，如果样本中的房屋里平均有110只蜘蛛，那么去年的样本出现在分布的最后一个条带中的概率为0.1%。由于它偶然出现在那里的概率只有0.1%，我们可以得出这样的结论：附近的蜘蛛数量确实有了实质性的增加。

总体与样本

描述总体的统计数据，如平均值或标准差，称为参数。通常，这些参数都是未知的，我们必须用样本的统计数据来代替，只要我们有足够大的样本（通常有 30 个数据就足够了），就可以做到这一点。总体平均值其实很简单。因为有了中心极限定理，我们可以假设它与样本平均值大致相同。对于标准差，事情就没那么简单了，因为样本越小，标准差的变化就越大。

这就是为什么样本量出现在方程中：

$$样本的标准差 = \frac{总体标准差}{\sqrt{样本量}}$$

使用样本量的平方根的原因是，随着样本量的增加，每次新增加的数据对统计数据的影响较小。例如，右侧的 4 张直方图显示了 30、60、90 和 120 个随机选择值的分布。前两种分布看起来很不同，而后两种分布更相似。

此外，如果我们比较下表中数值的平方根，可以看到后两个比前两个更相似。

数值	差值	平方根（近似）	差值
30		5.48	
60	30	7.75	2.27
90	30	9.49	1.74
120	30	10.95	1.46

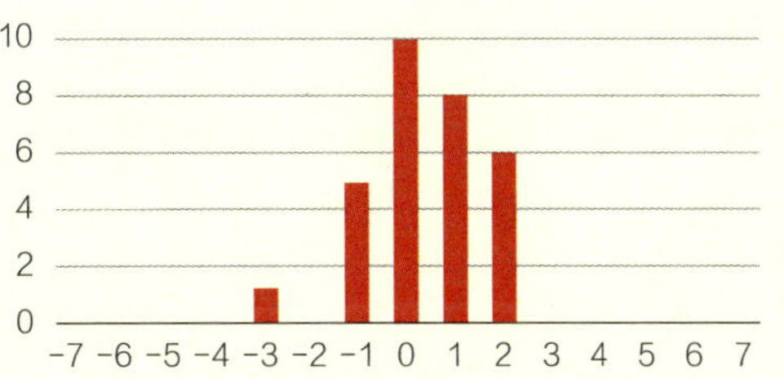

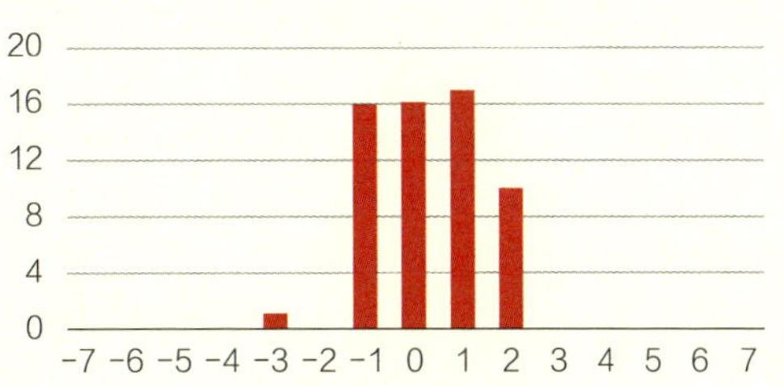

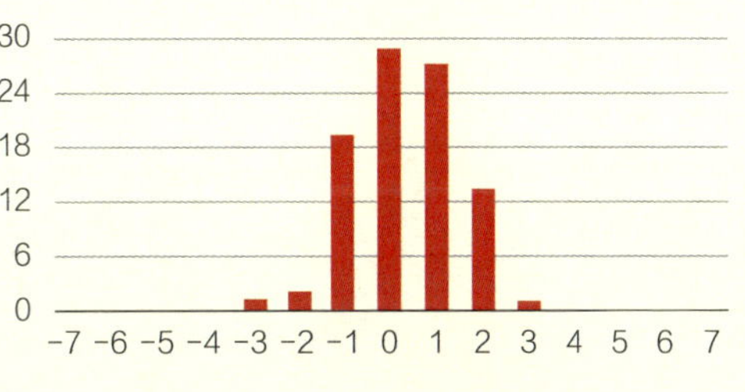

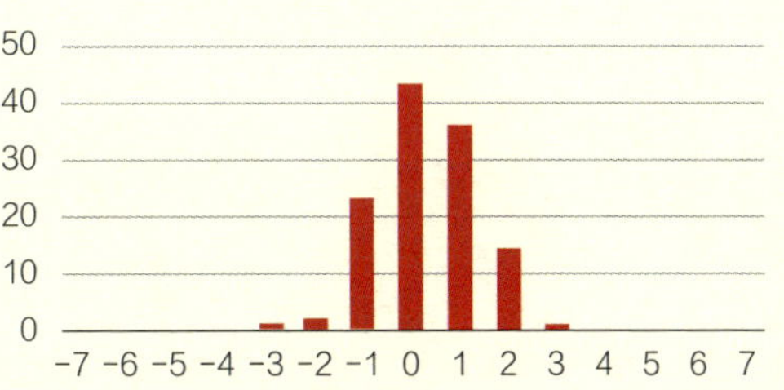

“显著”的意义

如果一个结果被称为“显著的”，通常意味着它“在5%的显著性水平上”。到目前为止，我们对蜘蛛的数量显著增加很感兴趣，并提出了这样一个问题：“样本中蜘蛛的数量是否处于正态分布的前5%？”“前5%”在下方的第一张图中用蓝色表示。

同样的数据可以用一条或两条“尾巴”来检验。答案取决于问题。

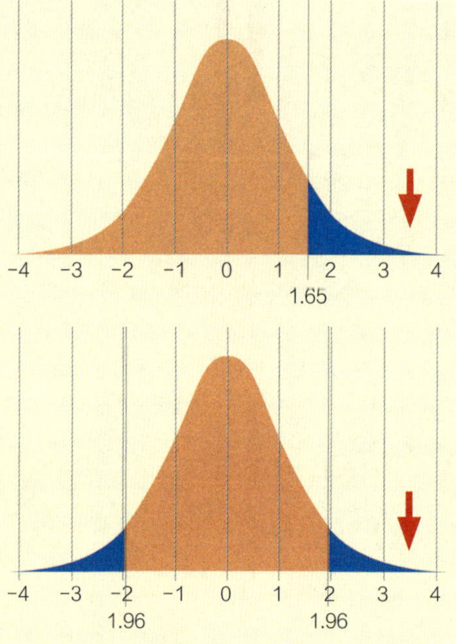

一个不同的问题

我们还可以问一个不同的问题：“蜘蛛的数量是否发生了明显的变化？”这是一个包含两个问题的问题：“现在蜘蛛数量明显增加了吗？”和“现在蜘蛛数量明显减少了吗？”现在有两个蓝色的区域，在左下角的第二张图中用蓝色表示。如果样本为右边的蓝色区域，那么蜘蛛明显更多；如果它为左边的蓝色区域，那么蜘蛛明显更少。这张图中有一对蓝色的“尾巴”，说明了为什么这个测试被称为双尾检验，而不是我们开始测试时的单尾检验。

有几条“尾巴”

需要说明的重点是，两条蓝色“尾巴”的总面积占全部面积的5%，所以现在每条蓝色“尾巴”的面积占比是2.5%，是原题中对应的一条蓝色“尾巴”面积占比的一半。假设样本的*Z*-分数是1.8，这是否意味着显著的增长呢？是的，因为1.8位于单尾图的蓝色区域内。我们也可以再问一个问题：“这是否意味着显著的变化？”答案是否定的，因为1.8不在双尾图的蓝色区域内。

哪个问题和答案

这个答案看起来似乎很奇怪，但这是我们从数据中寻求更多信息所付出的代价。问题越宽泛，就需要越多证据来

显著性

人们经常会问某件事在统计学上是否具有显著性。显著性水平是1– 置信度，因此 95% 的置信度对应于 5% 的显著性水平。显著性水平有时也被称为 α（alpha）或 α 水平。当有人说某件事在统计学上是显著的，这通常意味着它的置信度大于 95%。然而，95% 这个值并没有什么特别之处，有时还会使用其他值，所以清楚起见，应该始终明确声明是 α 水平。

支持它。这表明对于统计学而言，我们提出的问题的精确性十分重要。貌似有个显而易见的解决方案，就是对同一数据使用两种检验，这不就能得到两个答案了吗？但事实证明我们不能这样做。我们需要在进行分析之前决定解决哪个问题，我们不能同时解决两个问题，原因将在后文解释。

茶的味道

检验和试验的统计在很大程度上是费希尔的工作。虽然费希尔在剑桥大学学习数学和天文学，但他对生物学也很感兴趣，在完成学位课程后，他还在农场工作了一段时间，然后他变得更加热衷于此了。

茶的味道居然促使一位英国数学家发明了统计测试。

位于伦敦北部的洛桑试验站成立于1843年，是世界上最古老的农业研究机构之一。它对农作物和土壤的试验持续进行了150年。

费希尔最初在伦敦的一家投资公司找到了一份统计员的工作，但 1919 年，伟大的统计学家皮尔逊给了他一个在洛桑试验站工作的机会，该试验站长期主持研究肥料、土壤和农作物品种对产量和牲畜的影响。正是在那里，他开发了一系列用于科学研究的测试方法。为了解释他的一些试验是如何进行的，费希尔在 1935 年讲了一个他认识的女士的故事，她声称茶的味道取决于加茶和加牛奶的先后顺序。费希尔展示了一种计算方法，该方法通过计算女士必须判断正确的次数以证明她的观点。虽然这听起来不太可能，但费希尔确实计算出了结果，这在一定程度上激发了费希尔对统计检验的兴趣。也许是因为嫉妒费希尔的成功，皮尔逊很快就开始不喜欢他

图中右边第三个留着胡子的是费希尔，在洛桑试验站的户外茶话会上，他的形象很明显。面对着他的女人可能是他的试验对象——缪丽尔·布里斯托尔博士。

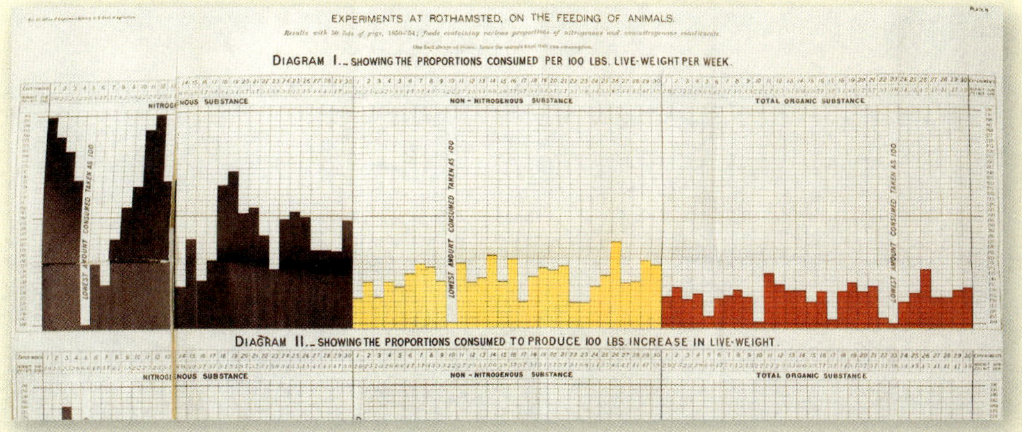

19世纪50年代，洛桑试验站研究的食物补充剂对猪生长的影响的数据图表。

了。1917 年，皮尔逊批评了费希尔两年前写的一篇论文，费希尔因此很生气。事实上，费希尔的论文经常受到批评，其中一个原因是他和其他统计学家是第一批将统计方法应用于生物学问题的人。费希尔认为，统计学家经常被批评的原因是，虽然统计学家往往是优秀的物理学家，但对生物学知之甚少，而生物学家往往是差劲的数学家。多亏了费希尔，今天这种情况已经完全改变了，生物学比物理、化学或其他任何学科更多地使用统计学。在 1922 年，皮尔逊的确做得太过分了，他声称费希尔发表的论文含有错误，甚至损害了整个统计学界的声誉。这对费希尔造成了实实在在的伤害，因为英国皇家统计学会拒绝再发表他的任何论文。

参见：
▶ 在期待什么，第28页
▶ 回归，第118页

谬 误

统计学的主要工作是改进人们处理数据的方式，用基于数学的正确预测取代我们自然的、基于情感的预测。但是人们的坏习惯是很难改掉的，而且与其他学科相比，统计学仍然是一门新学科。因此，各种各样的谬误依然存在。有些问题，比如“相关性意味着因果关系”我们已经讨论过了，但是还有更多的问题等待解决。

庄家总是会赢。概率和统计数据证明了这一点。

统计学家自己也难免犯错误，其中之一就是多重比较谬误，即重复一个测试并选择他们最喜欢的答案。例如，有人可能认为高个子的人更擅长数学，于是选择了 1000 名学数学的学生并计算相关系数，也许结果是 60%。这时，他应该会得出结论，没有足够的证据可以证明这个想法，并结束课题。但是，他可能会想再选 1000 名学生试一次。我们几乎可以肯定，这时会产生一个不同的系数，并且大约有 50% 的概率这个系数会更大。只要重复次数足够多，你想要的任何系数最终都会出现，但这样做没有任何意义。想知道为什么这样做不可以，请记住，任何测试都有可能给出错误的答案，它出现的概率大约为 5%。所以，这相当于如果你重复 20 次，可能就会有一次出现错误的答案。从众多答案中选择一个特定的答案就是投机取巧。这就是为什么对同一组数据同时进行单尾和双尾测试是投机取巧。毕竟，如果重新测试可以把你不喜欢的结果变

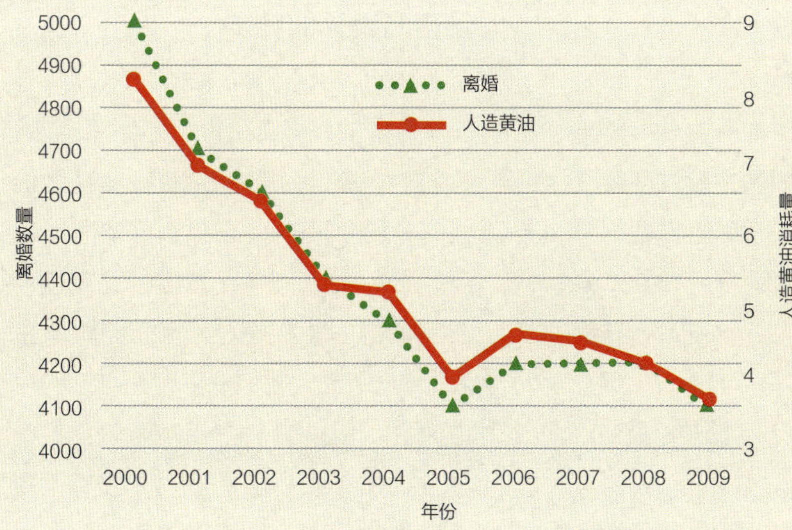

通过搜索足够多的数据，可以发现一些毫无意义的相关性，例如人造黄油的消耗量和离婚数量之间的多重比较谬误。

为喜欢的结果，那么你不妨再做一次那个可以给出好结果的测试，即使这次得到的结果不受欢迎，但也得接受。

坚持还是放弃

有时候，我们对统计数据感性的、自然而然的看法和假定是如此坚信，以至于当感觉它们错了的时候，我们都很难相信。比如有一个电视节目叫《我们来做个交易》，我们根据这个节目改编了一个著名的问题（这个版本的问题与电视节目中的说法略有不同），并以节目主持人蒙蒂·霍尔的名字命名。你面前有 3 扇门。蒙蒂告诉你，其中一扇后面是 100 万美元，而其他门后面是一只橡皮鸭。你选择其中一扇门，并告诉蒙蒂，但在你打开门之前，他打开了另一扇门，露出一只鸭子。他现在问你是否愿意改变主意打开别的门。你应该改变主意吗？改变主意后结果会有什么不同吗？答案是会的。它会使你赢的机会加倍，事实上，如果你改变主意，你可能会赢得 100 万美元。如果你不这样做，你可能只是带着一个新的洗澡玩具回家。

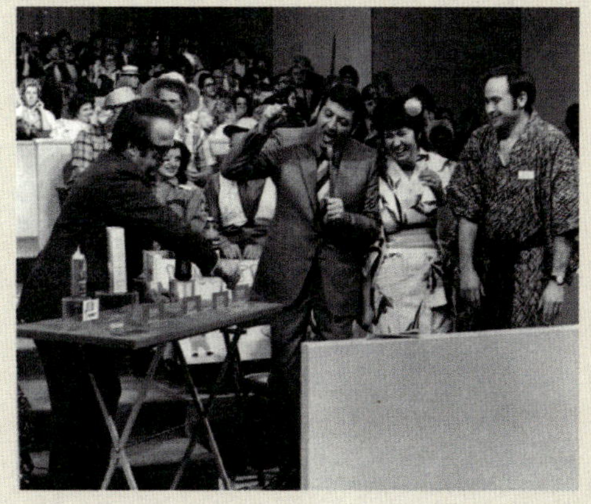

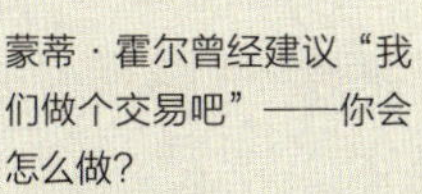

蒙蒂·霍尔曾经建议“我们做个交易吧”——你会怎么做？

小概率，多重复

另一个问题是大脑处理小概率事件时的困难。如果你在过马路时被车撞的概率是 1/1000，你会觉得过马路安全吗？可能今天会觉得安全，但下周或明年呢？如果那条路就在你家附近，而你每天只出门一次，那么你很有可能在几年内被车撞到？365 天 × 每天过马路 2 次 ×2 年 = 1460 次，所以两年内你就可能被撞到。而且，如果这种概率适用于每一个过马路的人（显然这条路就成了一条非常危险的路了），毕竟每天可能有 100 人过马路，那么大概每周都会有人被车撞到！

值百万美元的数学

这里的数学计算很简单。步骤如下：有 100% 的概率钱在其中一扇门（我们称它们为 A、B 和 C）后面。有 1/3 的概率（约 33%）钱在你选择的第一扇门后面（我们称这扇门为 A）。所以钱在其他门（即 B 或 C）后面的概率是 2/3(约 67%)。我们把蒙蒂先打开的门称为 B，因为奖品不在那里，B 门为中奖门的概率现在是 0。这些都没有改变钱在门 A 后面的概率（仍然是 33%）。由于打开 B 门中奖的概率现在是 0，打开 C 门中奖的概率现在是 67%，所以，改主意，开这一扇门！

增加胜算

为了更清楚地说明这一点，想象一个稍微不同的例子。现在，从 1000 个信封中选择一个信封，不过只有一个信封里有一张 100 万美元的支票。现在有 1000 种选择，而不是只有 3 种。首先，你拿一个信封。你可能没有那么兴奋，不过也对，因为支票在里面的概率只有 1/1000（0.1%）。蒙蒂现在打开了剩下的其中 998 个信封，最后一个没开，打开的 998 个都是空的。如果你愿意，你可以打开最后一个信封，或者坚持打开你第一个选择的信封。你应该重新选择

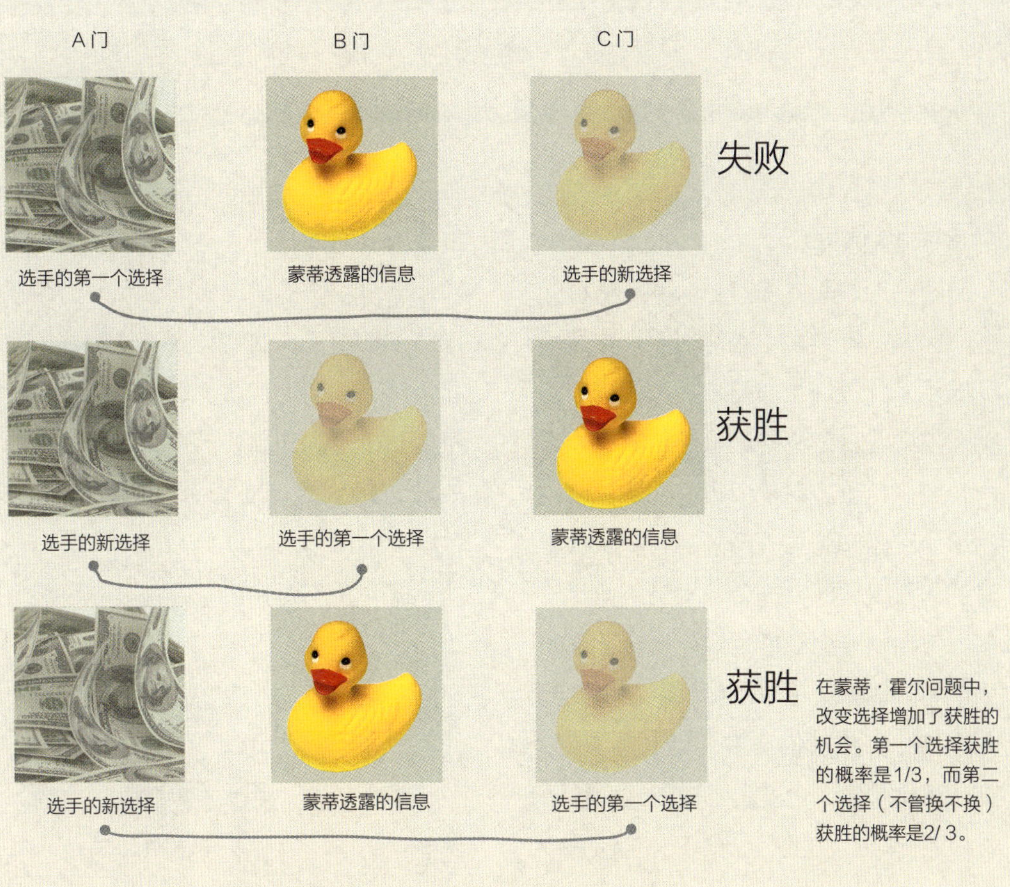

在蒙蒂·霍尔问题中，改变选择增加了获胜的机会。第一个选择获胜的概率是1/3，而第二个选择（不管换不换）获胜的概率是2/ 3。

吗？因为你的第一个信封中奖的概率是1/1000，所以支票出现在其他信封中的概率是 999/1000。现在蒙蒂已经排除了其中的 998 个，所以奖品在最后一个信封里的概率可就有 99.9% 了。

生日惊喜

另一个问题可以向我们展示，想感受到概率变化是多么困难。想象你在一个满是人的房间里。房间里有多少人才可能有两个人的生日是同一天？730 人？365 人？还是 183 人？解决这个问题最清晰易懂的方法是列出生日的可能情况。安一个人在房间里，她今年过生日的概率当然是 365/365。科菲进来后，他们生日相同的概率是 1/365，所以安和科菲生日不同的概率是 (365−1)/365=364/365。克莱尔进来后，她和科菲同一天生日的概率是 1/365，她和安同一天生日的概率也是 1/365，所以克莱尔和科菲生日不是同一天的概率是 (365−2)/365=363/365。到目前为止，3 个人的生日不相同的概率是 (365/365)×(364/365) × (363/365)，大约是 0.992。

安	科菲	克莱尔	德里克	玛雅	弗兰克

365/365 × 364/365 × 363/365 × 362/365 × 361/365 × 360/365 ≈ 0.960

概率越来越低

随着人数的增加，我们不断乘新的数。因此，对于 6 个人的情况，本页顶部显示了计算结果。随着人数的增加，拥有不同生日的概率越来越低，计算时间也越来越长。为了节省空间，我们可以绘制一张图（见下图），表示随着更多的人进入房间，这个概率是如何变化的。下图中的绿线是我们一直在计算的人们不是同一天生日的概率。为了找出人们同一天生日的概率，我们只需用 1 减去这个数值，也就是红线所示的这条曲线表示的值。当增至 23 个人的时候，我们可以看到不是同一天生日的概率略低于 0.5，而同一天生日的概率略高于 0.5。所以，如果一个房间里有 23 个人，其中很可能有 2 个人的生日是同一天。

辛普森悖论

辛普森悖论指的是，在获取的数据增多的情况下，混合得到的整体数据会显示出错误的规律。一项医学研究观察了两种不同的药物对治疗大小肾结石的效果，下面这张表汇总了结果。

药物	总的结石数量	打碎的结石数量	成功率
药物甲	349	270	0.77
药物乙	352	286	0.81

如此看来，药物乙效果似乎更好。然而，如果我们分别观察两种药物对小肾结石和大肾结石的疗效，就会发现一个非常不同的情况。此时我们看到，药物甲对大结石和小结石都有更好的治疗效果，只有当我们忽略结石的大小时，药物乙才会有更好的效果。

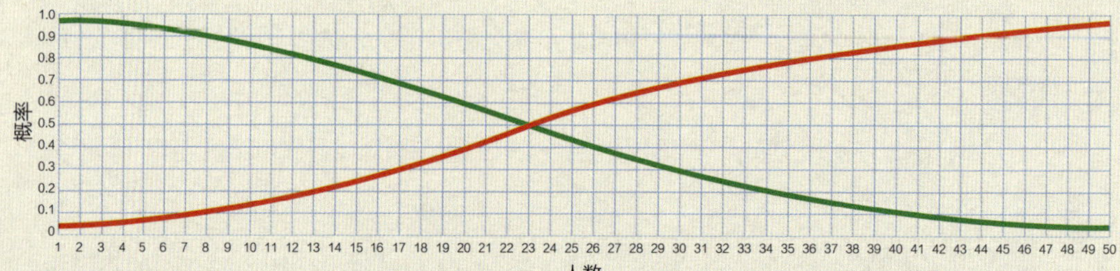

不同药物的疗效	总的结石数量	打碎的结石数量	成功率
药物甲，对小肾结石的疗效	89	80	0.90
药物甲，对大肾结石的疗效	260	190	0.73
药物甲，对整体的疗效	**349**	**270**	**0.77**
药物乙，对小肾结石的疗效	270	230	0.85
药物乙，对大肾结石的疗效	82	56	0.68
药物乙，对整体的疗效	**352**	**286**	**0.81**

赌徒的谬误

赌徒谬误要说明的是物体有记忆。虽然这听起来不太可能，但这是大多数人都倾向于相信的一个谬论。它已经毁掉了许多赌徒，他们本应该懂些概率知识的，尤其是对轮盘赌这个游戏。轮盘赌使用的轮盘上有相同数量的黑色洞和红色洞。1913年8月18日，在蒙特卡洛的赌场（见下图）进行的轮盘赌的一场赌局中，球已经连续25次落入黑色洞中。人们想，它下一次落入的洞肯定是红色的，于是数百万法郎被押在这个结果上。当下一次也落入黑色洞中时，人们的所有钱都输进去了。当然，连续落入26次黑色洞（或26次红色洞）的概率很小，约为660万分之一。但赌徒们赌的是仅落入红色洞中的一次，那么这个概率就是1/2了。

能有多神奇啊?

每隔一段时间，就会发生一些超级神奇的巧合。比如当你突然想起一个你很久没有联系的人时，第二天就会接到他的电话；或者偶然遇到一个新词，几天后又会听到它。但这些巧合真那么神奇吗？真正令人惊奇的是我们每天经历了多少事情，产生了多少想法。在一天之内，我们可能轻易就会听到和读到 100 万个词，也可能产生 100 万种想法，而且每周我们都可能会想起我们认识的几乎每个人，但所有的这些很快几乎都会被忘记。所以，如果有个我们认识的人打来电话，我们几乎可以立马肯定，最近想起过他。当涉及我们看到和听到的词语时，我们很少注意到它们。因为我们对单个事物不感兴趣，只对它们的整体意义感兴趣。但是，我们特别擅长察觉那些吸引我们的东西（比如我们自己的名字，即使在人群中被非常安静地说出来）。所以同理，如果一个特别的词引起我们的注意，只是因为它是新的词汇，所以我们会立刻察觉它，然后像往常一样，忽略掉我们经常听到的其他成千上万个词。

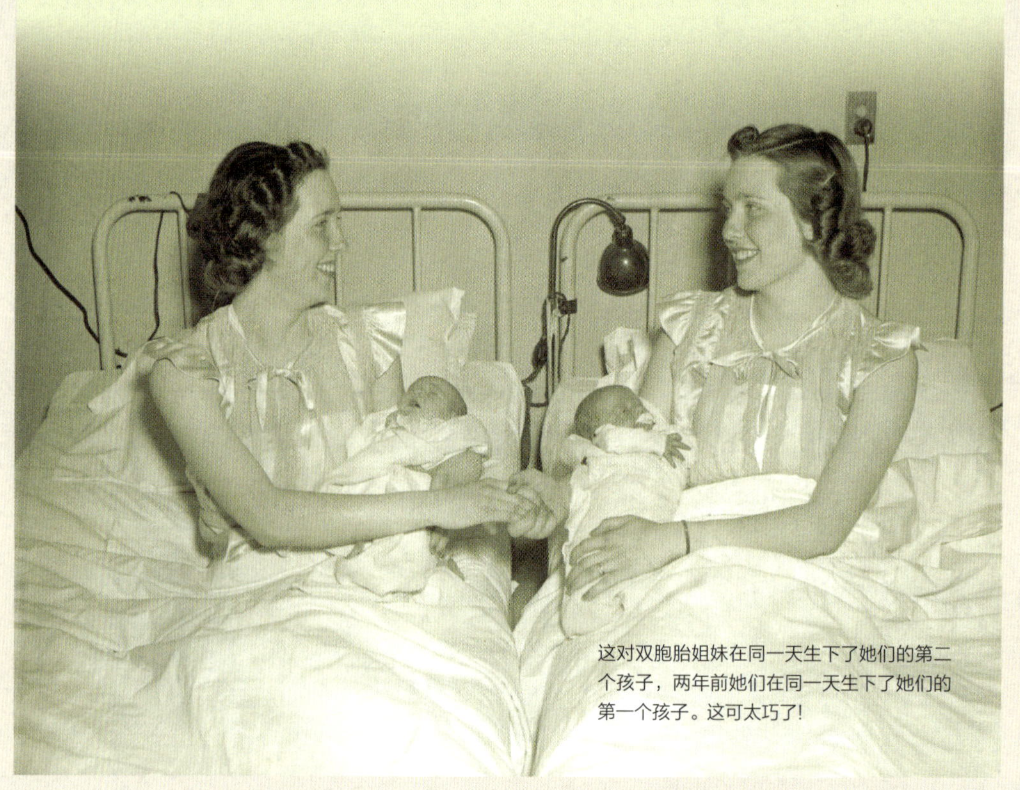

这对双胞胎姐妹在同一天生下了她们的第二个孩子，两年前她们在同一天生下了她们的第一个孩子。这可太巧了!

隐藏变量

当我们把一些有隐藏差异（有时称为潜伏变量）的东西放在一起考量时，就会出现奇怪的结果。治疗结石案例的隐藏差异在于，较大的结石更难治疗。医生们知道药物甲效果最好，但它有严重的副作用。所以，它主要用于治疗较大结石。虽然药物乙效果较差，但它更常用于治疗较小的结石。因为较小结石更常见，也更容易治疗，所以总体来说，药物乙效果更明显。

巧合的力量

许多统计谬误是由混淆两个非常不同的数值造成的：

A 表示某事发生的概率；

B 表示某事发生在你身上的概率。

如果“正在发生的某事”是“中了彩票”，那么这些数值就不同了。这时 A 就成了 1（或 100%），B 小于 0.0000001。换句话说，这个案例可以表述为“几乎每周都有人中百万美元的彩票大奖，而且只花一美元，所以值得一试”。关键是那个人是你的概率微乎其微。所以，最有可能的是，你会损失一美元又一美元。

占星术和巴纳姆效应

这听起来像你吗？你是一个相当随和的人，经常被误解。如果有必要，你可以非常努力地工作，尽管你通常更希望避免接受过于苛刻的任务。你常常对自己太苛刻了。你是一个独立的思考者，不愿意接受别人的观点，除非他们能提供有力的论据证明他们是正确的。你可能会没有耐心，尤其是当别人犹豫不决的时候。你有很多未开发的潜力。如果这听起来确实像你，那么你可能正在经历巴纳姆效应。巴纳姆效应是一种自然倾向，即夸大真实部分的重要性，忽视不真实的部分。这就是占星术看起来出奇准的原因。为了验证它是否真的存在，研究人员在被试看到星座标签之前就把星座标签弄乱了。当这样做后，人们倾向于认为自己星座标签对应的星座描述是最准的，即使这些文字实际上是写给别的星座的。

参见：
► 正态分布，第46页
► 随机性，第112页

谁在替你做决定

与 20 年前相比，统计学在我们如今的生活中扮演着更为重要的角色，不仅因为在网上可以获得更多关于我们的数据，而且，由于计算机的处理速度已十分快，价格也降了不少，因此分析所有这些数据变得相当容易。例如，现如今，商家比顾客更了解顾客自己。

自 2004 年以来，每当飓风来袭前，大型食品百货公司沃尔玛总会在其店里多储备一些啤酒和果酱馅饼，因为老板知道（这是统计数据向他揭示的）这些商品在飓风来袭前后都卖得很好。通常，这种新的统计能力是非常有用的：如果你喜欢网球，而你的朋友喜欢园艺，你俩在搜索引擎中同时搜索“草坪”会得到不同的结果，因为搜索引擎已经记录和分析了你俩过去的搜索内容，并利用这些数据建立了你们的个人资料档案。

当你下次在商店里遇到便宜商品或者特价商品时，可以思考一下商家是如何知道你早就想要了。

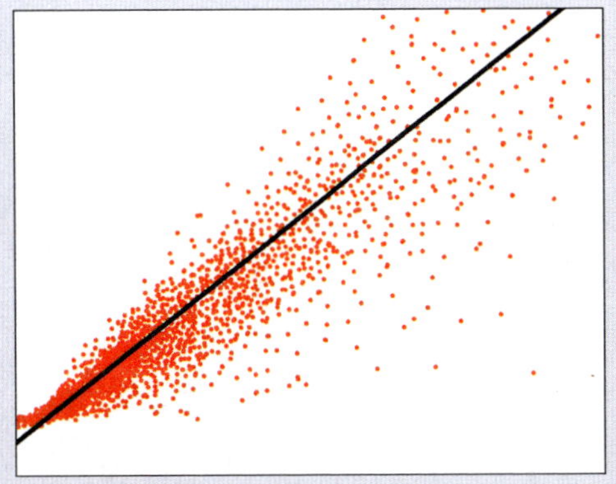

现代的自动化统计程序使用的几乎所有方法都与过去几十年来使用的相同。最重要的是回归，即将分散的数据拟合成一条直线。由于现在有海量可用的数据，回归能给出高度可靠的结果。

在每个人身上做实验

用于检验和试验的统计技术，如置信度和 t 检验，现在也更强大了，因为它们可以用于对大量的人进行检验和试验。例如，保险公司有时会向所有客户发送一些报价，而不是试图计算出客户将为贷款支付多少利息，比如保险公司可能向 10000 名客户提供 2% 的利率，向另外 10000 名客户提供 2.1% 的利率，等等。但保险公司并不是找出了客户最可接受的利率再向每个人收费。相反，那些愿意支付更多费用的人，无论他们支付的原因是什么，都会被收取更多的费用。他们可能在钱的问题上粗心大意、不了解细节，或者认为这是每个人都必须支付的费用。

情绪的影响

如果仅仅因为供应商知道你更有可能支付这笔钱，而其他人可能会拒绝，那么你还会愿意为某样东西付出比别人更多的钱吗？这样的实验也利用了这样一个事实，即我们的情绪会影响我们的决定，即使我们没有意识到这一点。例如，在求职信上简单地附上一张个人的照片就会增加被录用的机会。

专家的终结？

当然，利用人的情感并不是什么新鲜事。几十年来，（在国外）小狗一直被用来销售卫生纸。事实是，这种做法的效果现在远远超过了最好的人类销售人员的销售效果。这种举动改变了世界，其中一个原因是人类专家可能真的不擅长理解和预测其他人类的行为。他们和其他所有人一样，往往对自己的认知比实际情况更好。如果你问某人一些问题：“你所在城镇的人口是多少？你生日那天天气怎样？你昨天打电话花了多少分钟？”他们通常会给出一个粗略的答案。然后让他们给这个答案设定一个置信区间，而不是笼统地说“大约打了 20 分钟”这样的话，那么他们就会说“15~20 分钟吧”。这些范围通常是非常窄的，而真实的答案可能远远超出了这个范围。

大数据的世界

“大数据”一词指的是网上可以获得的海量数据。它与物联网有关。早期的网络连接计算机，今天的网络连接人类（通过社交媒体等），未来的网络将连接各种各样的机器、传感器和日常用品，如汽车、冰箱和房子。物联网提供了大数据，它的独特之处不仅在于数据的数量级与往日不可同日而语，而且因为数据来源更广泛。所以相比于20世纪，在今天，数据的可用种类也大大增加。网络有可能收集大量的天气数据、健康数据和商业活动数据，并将其与交通数据和用水量等数据一起进行分析。这种分析将揭示各种现象之间人类未曾预料到的联系，从而提供一个机会使我们有信心预测和预防问题。当然，这些信息也有助于产品的营销。个人数据的传递差不多是实时的，这就是为什么在不久的将来，当你经过一家商店时，可能很快就会收到个性化的购物优惠信息。

计算机最了解

有时很明显，尝试和错误会比专家给出更好的结果。人们对计算机上广告的反应会随着位置、大小、颜色、措辞，以及图片、视频剪辑的使用而变化，也会随着谁在使用计算机，何时、何地、为什么和如何使用而变化。面对这么多的变量，只有相当勇敢的心理学家才会尝试预测哪些广告最有效。但是，如果计算机上恰好有一个受欢迎的网站或搜索引擎，那么你需要做的仅仅是每小时尝试发布几种广告，然后只需要看看哪种广告被点击的次数最多，就能看出来哪种广告是最有效的。热门网页几乎每天都有数百万人浏览，因此结果可能真的会相当可靠。

广告虽有效，但数据驱动的营销更有效！

不再有隐私

如今，在许多国家，当人们申请工作、培训课程或大学时，面试官通常会知道这个人在社交媒体上说过什么话，甚至知道几十年前说过的。而且，如果他们得到了这份工作，他们的电子邮件通常会被监控。有时，甚至他们在洗手间或在办公桌之间走动的时间也会被监控。一些公司为员工提供免费手机，但隐藏的代价可能是手机上的所有通话和短信都被监控。这些数据都可以用来决定是提拔、奖励还是解雇员工，这部分基于统计分析，可以预测他们未来的价值和对公司的风险。这项技术下一步又将被应用在哪里呢?

统计学接管一切

统计学是了解过去、现在和未来的重要方法，其力量正在迅速增长，是迄今为止理解人类行为最成功的方法。关于我们每个人的大量数据，以及本书中介绍的许多统计方法，被结合起来预测和影响我们的想法和行为。这意味着，就像人类的大多数发明一样，统计学既可以用来做好事，也可以用来做坏事。因此，了解统计学原理，以及它是如何被使用和滥用的，可以教会我们如何理解这些危险，以及如何避免这些危险。而且，它向我们展示了如何认清复杂的世界，如何做出正确的选择，并找到混沌世界中蕴含的所有确定的东西。

参见:
- ▶ 贝叶斯的惊人定理，第52页
- ▶ 平均人，第96页

术语解释

相关系数

相关系数衡量的是两个事物之间联系的强弱。在线性关系中，如果把一个事物相对于另一个事物的变化关系绘制成图，将趋向于形成一条直线。例如，正相关意味着，如果一个事物变大，那么另一个事物也会变大，直线就会向上倾斜。负相关意味着，如果一个事物变大，那么另一个事物变小，直线就会向下倾斜。相关系数的取值为 −1~1。

自由度

如果样本中有 50 个项目，并且据此估计了 2 个总体参数（例如平均值和标准差），那么自由度为 50 − 2=48。一些检验和统计公式利用了这个数值。

分布

将一组事物的所有值排列出来，并标明每个值出现的频率。

期望值

重复多次得到的随机结果的平均值。例如，掷骰子的期望值是 3.5。

最小二乘法

一种检验直线与某些数据是否最佳拟合的方法。如果是，则点到直线距离的平方和就会最小。

平均值

将一组数据加起来，然后除以数据的总数得到的结果，也就是人们通常所说的平均数。

中位数

一组数据的中间值，它把一组数据分成两部分。

众数

一组数据中出现次数最多的值。有些数据可能没有众数（如 1、4、5、7、9）或有多个众数（如 1、2、2、3、6、7、7、8、9、9）。

正态分布

一种对称分布（即左右两部分互为镜像），平均值、中位数和众数都在同一位置，有时也被称为高斯分布，以数学家高斯的名字命名。

离群值

由于与一组数据中其他数据差异较大而引起怀疑的数据。

回归

求对数据进行最佳拟合的直线方程的一种方法。最简单的类型是线性回归，它通常通过最小二乘法求得一条直线的方程。

偏态（或偏度、偏斜度）

不对称性。如果一个分布是负偏态的，那么它的“左尾”更长；如果它是正偏态的，那么它的“右尾”更长。

标准差

一组数据分散程度的度量。标准差越大，数据越分散。

方差

一组数据分散程度的度量。方差等于标准差的平方。

Z- 分数

一个值与平均值之间的差，用标准差的数量来衡量。平均值为 6，标准差为 1.5，该值为 9，则 *Z*- 分数为 2。